初心者でも絶対に使えるようになる

Mac&Windows・CC 完全対応

# Illustrator
## はじめての教科書

齋藤香織

SB Creative

> **本書の対応バージョン**
>
> # Illustrator CC 2019
>
> 本書記載の情報は、2018年12月現在の最新版である「Illustrator CC 2019」の内容を元にして制作しています。パネルやメニューの項目名・配置位置などは、Illustratorのバージョンによって若干異なる場合があります。

## 本書に関するお問い合わせ

この度は小社書籍をご購入いただき誠にありがとうございます。小社では本書の内容に関するご質問を受け付けております。本書を読み進めていただきます中でご不明な箇所がございましたらお問い合わせください。なお、お問い合わせに関しましては下記のガイドラインを設けております。恐れ入りますが、ご質問の際は最初に下記ガイドラインをご確認ください。

### ご質問の前に

小社Webサイトで「正誤表」をご確認ください。最新の正誤情報をサポートページに掲載しております。

▶ **本書サポートページ**

URL https://isbn.sbcr.jp/97277/

上記ページの「正誤情報」のリンクをクリックしてください。なお、正誤情報がない場合、リンクをクリックすることはできません。

### ご質問の際の注意点

・ご質問はメール、または郵便など、必ず文書にてお願いいたします。お電話では承っておりません。
・ご質問は本書の記述に関することのみとさせていただいております。従いまして、○○ページの○○行目というように記述箇所をはっきりお書き添えください。記述箇所が明記されていない場合、ご質問を承れないことがございます。
・小社出版物の著作権は著者に帰属いたします。従いまして、ご質問に関する回答も基本的に著者に確認の上回答いたしております。これに伴い返信は数日ないしそれ以上かかる場合がございます。あらかじめご了承ください。

### ご質問送付先

ご質問については下記のいずれかの方法をご利用ください。

> ▶ **Webページより**
>
> 上記のサポートページ内にある「この商品に関する問い合わせはこちら」をクリックすると、メールフォームが開きます。要綱に従って質問内容を記入の上、送信ボタンを押してください。
>
> ▶ **郵送**
>
> 郵送の場合は下記までお願いいたします。
>
> 〒106-0032
> 東京都港区六本木2-4-5
> SBクリエイティブ　読者サポート係

■本書内に記載されている会社名、商品名、製品名などは一般に各社の登録商標または商標です。本書中では®、™マークは明記しておりません。
■本書の出版にあたっては正確な記述に努めましたが、本書の内容に基づく運用結果について、著者およびSBクリエイティブ株式会社は一切の責任を負いかねますのでご了承ください。

©2019　本書の内容は著作権法上の保護を受けています。著作権者・出版権者の文書による許諾を得ずに、本書の一部または全部を無断で複写・複製・転載することは禁じられております。

# はじめに

　この度は『Illustratorはじめての教科書』をお手に取っていただき、ありがとうございます。

　Illustratorは、イラストを描いたりデザインをしたりするのに最適なツールです。今世界にあふれているデザインの多くが、Illustratorを使って作られています。

　この本はそんなIllustratorに「はじめて触れる人」に向けた内容です。「これからIllustratorを使いたいと考えている」「インストールしたけど、使い方がまったくわからない」という人に読んでいただきたいと考えています。

　私がIllustratorを使い始めて、12年ほどになります。私はIllustratorを使い始める前からPhotoshopを使っていたのですが、IllustratorとPhotoshopの違いに慣れず、なかなか覚えるのに苦労した記憶があります。最初はツールやアンカーポイント、ハンドルの仕組みがまったく理解できず、本を買ったり、周囲で使い慣れているイラストレーターの友人に聞いたりして、勉強したのを覚えています。

　今回は、そんな私が苦労した点を中心に、はじめて使う人にもわかるような内容にしています。ひとつひとつの作業を確認し、慣れてくるとついつい見落としてしまいそうな動作もすべて丁寧に盛り込みました。使い始めたばかりで何もわからなかった頃に、この本を読んでおけば覚えられただろうなと思える内容にしています。最終的には、最低限のチラシのデザインができるレベルを目指していますので、この本で基本を身につけていただければと思います。

　Illustratorを使い慣れた今となっては、あの頃必死に「基本」を身につけておいてよかったなと思っています。Illustratorはアップデートすると新しい機能が追加されることがありますが、基本をしっかり身につけておくと、どういうときに使うべきツールなのかがすんなりと頭に入ってきます。

　この本はあくまで「基本」です。Illustratorには、まだまだ使うと奥深いツールや機能がたくさんあります。何度も使っているうちに慣れてきますので、何度も繰り返し使いながら使い方を覚えていってください。

齋藤香織

# Contents

Adobe Illustratorのライセンス …………………………………………………… 007
まずは体験版を導入してみよう …………………………………………………… 008
Illustratorの画面と各部の名称 …………………………………………………… 010
ツールバーとパネル ………………………………………………………………… 012
Illustratorの基本的な作業手順 …………………………………………………… 014
サンプルファイルのダウンロード ………………………………………………… 016

## 第1章 データを作成・保存する

| | |
|---|---|
| 1-01 | ドキュメントを作成する …………………………………… 018 |
| | オリジナルのサイズで作る ………………………………… 019 |
| 1-02 | アートボードの大きさを変更する ………………………… 020 |
| 1-03 | アートボードを追加する …………………………………… 022 |
| 1-04 | ドキュメントを保存する …………………………………… 024 |
| 1-05 | ファイル形式を変えて保存する …………………………… 026 |
| 1-06 | データを開いて編集する …………………………………… 028 |
| 1-07 | データを印刷する …………………………………………… 030 |

## 第2章 線や図形を描画する

| | |
|---|---|
| 2-01 | ペンツールで線を描く ……………………………………… 034 |
| 2-02 | 直線ツールでまっすぐな線を描く ………………………… 036 |
| 2-03 | ペンツールで曲線を描く …………………………………… 038 |
| 2-04 | ブラシツールで自由に線を描く …………………………… 040 |
| 2-05 | 長方形ツールで四角形を描く ……………………………… 042 |
| 2-06 | 楕円形ツールで円を描く …………………………………… 044 |
| 2-07 | 多角形ツールで多角形を描く ……………………………… 046 |

## 第3章 線や図形の色を設定する

| | |
|---|---|
| 3-01 | 線の色を変更する …………………………………………… 050 |
| 3-02 | 図形の色を変更する ………………………………………… 052 |
| 3-03 | 図形をグラデーションで塗る ……………………………… 054 |
| 3-04 | カラーモードを変更する …………………………………… 056 |
| 3-05 | スウォッチを登録する ……………………………………… 058 |

## 第4章 線や図形を変更する

| | | |
|---|---|---|
| 4-01 | 図形を変形する | 062 |
| | ハンドルで円を変形する | 063 |
| 4-02 | アンカーポイントを追加する | 064 |
| 4-03 | 線の太さや種類を変更する | 066 |
| 4-04 | 線や図形を回転させる | 068 |
| 4-05 | 線や図形を反転させる | 070 |
| 4-06 | 線や図形を拡大・縮小する | 072 |
| 4-07 | 線や図形を複製する | 074 |
| 4-08 | 線や図形の重ね順を変更する | 076 |
| 4-09 | 線や図形を整列する | 078 |
| 4-10 | 線や図形に効果を付ける | 080 |
| 4-11 | 効果の付け方を調整する | 082 |
| 4-12 | 離れた線を繋げる | 084 |
| 4-13 | 図形を合体させる | 086 |
| 4-14 | 線や図形を分割する | 088 |

## 第5章 文字を入力・編集する

| | | |
|---|---|---|
| 5-01 | 文字ツールで文字を入力する | 092 |
| | コピー＆ペーストで文字を入力する | 093 |
| 5-02 | フォントを変更する | 094 |
| 5-03 | 文字の大きさを変更する | 096 |
| 5-04 | 入力した文字を修正する | 098 |
| 5-05 | エリア内に文字を入れる | 100 |
| 5-06 | アウトラインを作成する | 102 |

## 第6章 写真や画像を加工する

| | | |
|---|---|---|
| 6-01 | 写真や画像を埋め込む | 106 |
| | 写真の大きさを調整する | 108 |
| 6-02 | 写真や画像の一部分を切り抜く | 110 |
| 6-03 | 写真や画像をモノクロにする | 112 |
| 6-04 | 写真や画像の色を調整する | 114 |

| 6-05 | オブジェクトに変換する | 116 |

## 第7章 レイヤーを使いこなす

| 7-01 | 新規レイヤーを追加する | 120 |
| 7-02 | 既存のレイヤーを複製する | 122 |
| 7-03 | レイヤーの重ね順を変更する | 124 |
| 7-04 | レイヤーを結合する | 126 |
| 7-05 | レイヤーをロックする | 128 |
| 7-06 | レイヤーの不透明度を変更する | 130 |

## 第8章 チラシを作ってみよう

| 8-01 | ドキュメントを作成する | 134 |
| | ドキュメントを保存する | 135 |
| 8-02 | 背景を作成する | 136 |
| | 背景のレイヤーをロックする | 137 |
| 8-03 | 写真を埋め込む | 138 |
| 8-04 | 写真を加工する | 140 |
| | 写真に効果を付ける | 141 |
| 8-05 | 文字を入力する | 142 |
| | フォントや大きさを調整する | 143 |
| 8-06 | 文字に色や効果を付ける | 144 |
| | 効果を付ける | 145 |
| 8-07 | 写真や文字を配置する | 146 |
| | 文字をアウトライン化する | 147 |

### Appendix

作業を始める前に覚えておきたい用語 ... 148
覚えておくと便利なショートカットキー ... 150

# Adobe Illustratorのライセンス

　IllustratorなどのAdobe CC（Creative Cloud）製品を使用するためには、ライセンスの購入が必要になります。ライセンスとは、ソフトウェアを使うための「権利」のことを言います。ライセンスを行使するにはいくつかの約束事があり、それを守ることでIllustratorを利用できます。

　基本的にライセンスを利用する際には、

・利用規約への同意
・利用料金を支払う

上記2点をクリアしなければなりません。

　2点をクリアして、パソコンにIllustratorをインストールし、ライセンス認証を行うことでIllustratorが利用できます。

　ライセンスを購入すると、2台のパソコンにまでIllustratorをインストールして利用することができます。3台目にインストールして利用する場合は、すでに使用しているパソコンのうちのどちらかの認証を解除（サインアウト）する必要があります。

　ライセンスの購入は、アドビシステムズの公式サイトなどから行えます。利用できるソフトウェアやサービスによって料金は異なります。自分の目的にあったプランを選択しましょう。

### ライセンスの購入サイト

https://www.adobe.com/jp/creativecloud/plans.html

## まずは体験版を導入してみよう

　Illustratorを利用するためには、基本的には月々の利用料としてライセンスを購入する必要がありますが、体験版では一定の期間のみ、利用料金を支払わずにIllustratorを利用することができます。まずは体験版を導入し、使い方の感触をつかんでから、実際にライセンスを購入するかを決めるのもよいでしょう。

　体験版はアドビシステムズの公式サイトからダウンロードできます。以下の手順に従って、体験版をインストールしてみましょう。

### 1
　体験版のダウンロードには、Adobe IDが必要になります。IDは、アドビシステムズの公式サイトのページ右上のログインをクリックして進んだ先から取得することができます。

**アドビシステムズ**
https://www.adobe.com/jp/

### 2
アドビシステムズの公式サイトからサポートをクリックし、プルダウンメニューからダウンロードとインストールを選択します。

### 3
Illustratorをクリックします。

## 4
体験版をダウンロードをクリックすると、インストールファイルのダウンロードが開始されます。

体験版をダウンロードをクリック

Mac

Windows

## 5
ダウンロードしたファイルを実行します。

ログインをクリック

## 6
インストールが開始されます。最初にログインをクリックして、取得しておいたAdobe IDでログインします。あとは画面の内容に従って質問に回答しながら進めていきましょう。

無料体験版を開始をクリック

## 7
インストールが完了すると、Illustratorが起動して体験版が利用可能になります。

# ● Illustratorの画面と各部の名称 ●

　ここでは、Illustratorの画面と各部分の名称をご紹介します。この後の作業をスムーズに進められるように、各部分の名称と役割を把握しておきましょう。

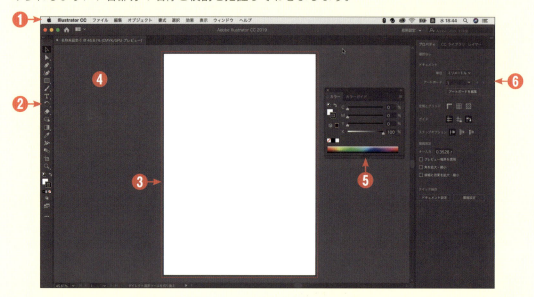

### ●メニューバー

　Illustratorのメニューです❶。「ファイルを開く」「保存する」「パネルを開く」「オブジェクトを調整」するなどのさまざまな操作が行えます。メニューのいくつかにはショートカットキーが用意されていますが、慣れないうちはメニューから選択して使うのがよいでしょう。

| 　 Illustrator CC　ファイル　編集　オブジェクト　書式　選択　効果　表示　ウィンドウ　ヘルプ |
| --- |

### ●ツールバー

　Illustratorで使うツールがまとめられています❷。線や図形を描画したり、文字を入力する場合などに、ここからツールを選択します。Illustratorの操作を行う場合の中心となる、最も使用頻度の高い部分です。

### ●アートボード

　Illustratorのドキュメントを作成すると、画面中央に白い四角形のスペースが表示されます❸。このアートボードに、線や図形、写真などを配置していきます。
　アートボードの作り方や設定については、第1章の「ドキュメントを作成する」(18ページ)などで詳しく説明します。

●ドキュメントウィンドウ

　アートボードが表示されるウィンドウです❹。Illustratorでは、複数のドキュメントを同時に開いて作業することができます。作業するドキュメントを切り替える場合は、ウィンドウ上部のタブを選択します。

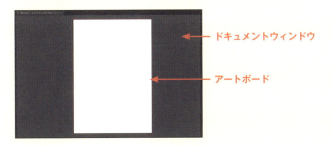

●パネル

　「カラー」や「グラデーション」「整列」など、主に線や図形、文字に対する調整を行うための設定項目がまとめられています❺。

　パネルはメニューバーのウィンドウから、表示・非表示にするものを自分で決められます。使用頻度の高いものを表示しておくとよいでしょう。

●「プロパティ」パネル

　選択した線や図形、文字などのプロパティ（詳細）を記載したパネルです❻。ここでも色や大きさなど、さまざまな設定を行うことができます。ツールバーで選択したツールなどに応じて表示内容が切り替わります。

　標準で常に表示されていますが、もしも表示されていない場合は、メニューバーからウィンドウ→プロパティを選択して表示してください。

　同じ場所に、「レイヤー」「CCライブラリ」パネルも表示されています。

# ツールバーとパネル

　Illustratorでは、パネルの表示・非表示を自分で調整できます。パネルは位置も自由に変更できるので、使用頻度の高いものを使いやすい位置に配置しておくとよいでしょう。
　メニューバーのウィンドウから、表示するパネルを選択します。非表示にする場合は、ウィンドウメニューからパネルを選択してチェックを外すか、パネル上部の ✕ マークをクリックします。

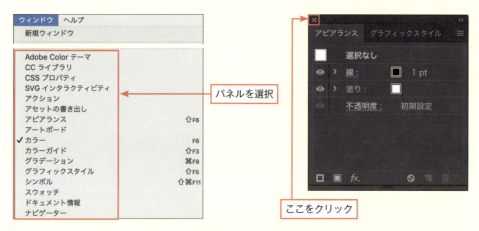

　ウィンドウメニューでパネルを選択すると、関連する機能のパネルが複数まとまって表示されることがあります。その場合は、パネル名が表示されたタブをクリックすることで、パネルを切り替えることができます。

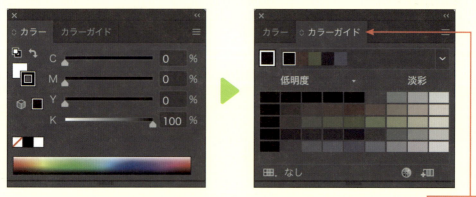

　パネルはドラッグで好きな位置に移動させることができます。重ねるようにドラッグすれば、パネルを1つにまとめることもできます。パネル名が表示されたタブをドラッグすることで、まとめられているパネルを分離することもできます。

ツールバーには、使用頻度の高いツールが登録されています。ツールバーのアイコンをクリックすることで、対応したツールの機能が利用できます。

　ツールバーのアイコンのいくつかは、類似した機能のツールがグループ化されてまとめられています。アイコンを長押しあるいは右クリックすることで、グループのアイコンを選択することが可能になります。ツールバーには、グループ内で選択したツールのアイコンが表示されます。

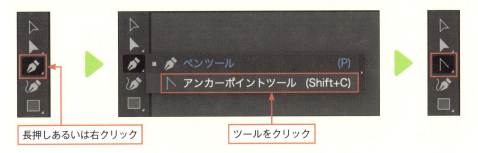

長押しあるいは右クリック　　　ツールをクリック

　Illustrator CC 2019から、初期状態でツールバーに表示されるツールが整理・縮小されました。2018以前のバージョンと同じように表示するには、メニューバーからウィンドウ→ツールバー→詳細設定を選択します（初期状態に戻すにはウィンドウ→ツールバー→基本を選択します）。
　本書では原則として「基本」で操作を進めていきます。「基本」で表示されないツールを利用する際は「詳細設定」に切り替えてください。

詳細設定を選択

基本　　詳細設定

013

## ● Illustratorの基本的な作業手順 ●

Illustratorの基本的な作業手順は、次の5つのステップで表すことができます。

❶Illustratorを開く
❷ドキュメントを作る
❸図形や線、文字を作成する
❹図形や線の色、形を変えたり、文字を編集したりする
❺保存する

### ●ステップ❶：Illustratorを開く

メニューやアイコンからIllustratorを開きます。

### ●ステップ❷：ドキュメントを作る

　ドキュメントとは、作成するデータのことです。新規に作成することはもちろん、保存しておいたドキュメントを開いて途中から編集作業を行うことも可能です。これに関しては、第1章「データを作成・保存する」（17ページ）などで詳しく解説していきます。

### ●ステップ❸：図形や線、文字を作成する

　ステップ❸では、本格的なデータの作成を行います。図形や線を配置しながら、デザインを決めていきます。図形や線以外にも、文字を入力したり、写真や画像を取り込んで使うこともできます。これに関しては、第2章「線や図形を描画する」（33ページ）、第5章「文字を入力・編集する」（91ページ）、第6章「写真や画像を加工する」（105ページ）などで詳しく解説していきます。

### ●ステップ❹：図形や線の色、形を変えたり、調整したりする

　ステップ❹では、描いた図形や線の形、色を変えて、細かな調整をしていきます。これに関しては、第3章「線や図形の色を設定する」（49ページ）、第4章「線や図形を変更する」（61ページ）などで詳しく解説しています。

### ●ステップ❺：保存する

　作成したデータを保存します。保存したデータはいつでも開いて再度編集が可能です。

## ■Illustratorで何が作れるのか？

Illustratorは、主にイラストやグラフィックなどの作成を目的としたソフトウェアです。そのため、チラシなどのデザインをしたり、イラストを描いたりするのに向いています。

その他にも以下のようなことが可能です。

・ロゴマークを作る
・Webページを作る
・文字の形を変形させる
・地図を描く
・グラフを作る

また、他のソフトウェアで加工した画像などを取り込んで、デザインをすることもできます。

## ■作業のやり直し方

Illustratorでは、操作内容を取り消して、作業をやり直すことができます。

作業内容を前に戻したい場合は、メニューバーから編集→○○の取り消しを選択します（○○の部分は作業内容で変わります）。

さらに、作業を最初からやり直したい場合には、メニューからファイル→復帰を選択します。作業を開始する前（データを開いただけの状態）の状態に戻せます。

基本的に保存してデータを閉じない限り、いくらでもやり直しができるので、最初のうちはいろいろ試して取り消しを繰り返しながら、挑戦していきましょう。

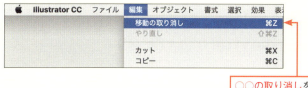

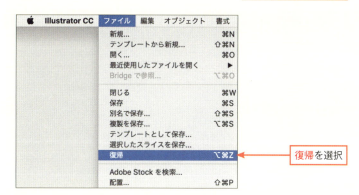

# ● サンプルファイルのダウンロード ●

　本書内で学習に使用する写真や作成したドキュメントデータは、本書のサポートページからダウンロードすることができます。

### ダウンロードページ

https://www.sbcr.jp/support/14954.html

　画面中央の『Illustratorはじめての教科書』サンプルファイルのリンクをクリックすると、ダウンロードが行われます。サンプルファイルは「zip」形式で圧縮されております。ダウンロード後に展開し、任意のフォルダーに保存してご利用ください。

　「Photo」フォルダーには、学習用の写真データが収録されています。「Sample」フォルダーには、サンプルのドキュメントファイルが収録されています。

　なお、本書記載の情報は、2018年12月現在の最新版である「Illustrator CC 2019」を元にして作成しております。メニューやツールなどの項目は、Illustratorのバージョンによって異なる場合があります。

# 第1章

# データを
# 作成・保存する

Illustratorを開いたら、新しくドキュメントを作成するか、すでに作成されたドキュメントを開いて作業を行います。ドキュメントは画像や文字などのデータを作る際に、すべての基となるものです。この章では、ドキュメントの作り方と設定の方法を学んでいきましょう。

# Lesson 01

# ドキュメントを作成する

ドキュメントは、規定のサイズで作成する方法と、オリジナルのサイズで作成する方法があります。印刷物はA4やB5などあらかじめサイズが決まっている場合が多いため、それに合わせて規定のサイズから作るとよいでしょう。規定のサイズではない場合には、自分でサイズを指定して作ります。

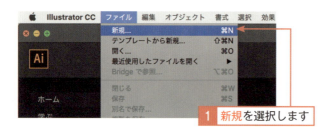

### 1 「新規」を選択

Illustratorを開き、メニューバーからファイル→新規を選択します❶。

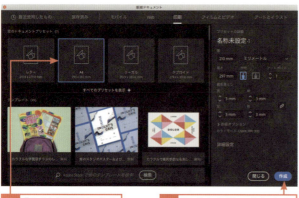

### 2 サイズを選択

「新規ドキュメント」ダイアログから、作りたいサイズを選択します。A4サイズの場合、印刷タブから「A4」を選択し❷、作成をクリックします❸。

### 3 完成

規定サイズ（A4）のアートボードを含むドキュメントが作成されます。

第1章 データを作成・保存する

## ■ オリジナルのサイズで作る

「幅」と「高さ」を自由に設定してドキュメントを作成することができます。ドキュメントのサイズは「ピクセル」「インチ」「センチ」など、単位を選ぶこともできます。

1-01 ドキュメントを作成する

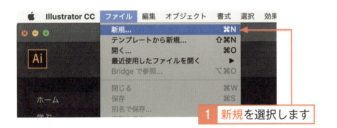

### 1 「新規」を選択

Illustratorを開き、メニューバーから**ファイル**→**新規**を選択します❶。

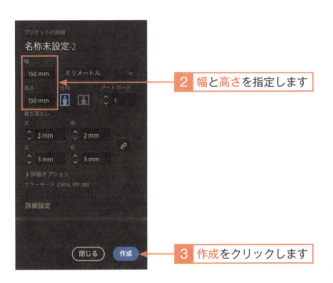

### 2 サイズを指定

「新規ドキュメント」ダイアログ右側の「プリセットの詳細」で**幅**と**高さ**に任意の数値を指定し❷、**作成**をクリックします❸。

### 3 完成

指定したサイズのアートボードを含むドキュメントが作成されます。

> **! Point**
> 
> 規定のサイズには、A4以外にもさまざまなサイズがあります。iPhoneに対応したモバイルサイズやWeb画面のサイズ、ポストカードのサイズなど種類が豊富です。自分の目的にあったサイズを選びましょう。

# Lesson 02

# アートボードの大きさを変更する

作業の途中で作成する画像の大きさを変えたくなった場合には、アートボードの大きさを再設定することで、大きさを変更できます。アートボードは、そのまま「画像」となる部分のため、最終的に作りたい画像の大きさに合わせて設定するとよいでしょう。

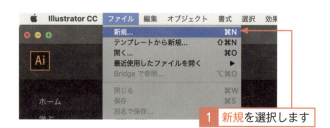

1 新規を選択します

## 1 ドキュメントを作成

Illustratorを開き、メニューバーからファイル→新規を選択してドキュメントを作成します❶。
「新規ドキュメント」ダイアログでは、「A4」を選択して❷、作成をクリックします❸。

2 「A4」を選択します　3 作成をクリックします

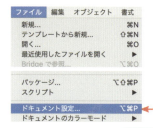

## 2 「ドキュメント設定」ダイアログを表示

メニューバーからファイル→ドキュメント設定を選択して❹、「ドキュメント設定」ダイアログを表示します。

4 ドキュメント設定を選択します

## 3 「アートボードを編集」をクリック

「ドキュメント設定」ダイアログで、アートボードを編集をクリックします❺。

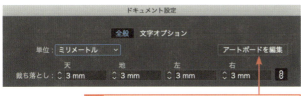

5 アートボードを編集をクリックします

## 4 サイズを指定

enterキーを押して、「アートボードオプション」ダイアログを表示します❻。
プリセットで変更後のサイズを選択し(あるいは「幅」「高さ」に任意の数値を入力し)❼、OKをクリックします❽。
別のツールを選択すると、大きさが変更されます。

6 enterキーを押します

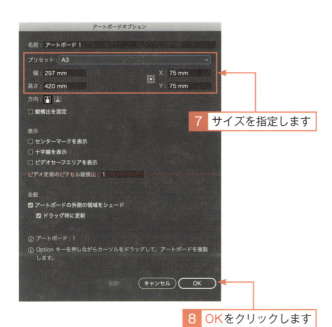

7 サイズを指定します

8 OKをクリックします

---

### Tips　ドラッグでアートボードの大きさを変更する

アートボードの大きさは、アートボードを編集をクリック後(あるいはツールバーでアートボードツールを選択後)、周囲に表示されるポイントをドラッグして自由に変更することもできます。

ポイントをドラッグしてサイズを変更する

# Lesson 03

# アートボードを追加する

1つのドキュメントの中で、複数のアートボードを作ることができます。1つのドキュメントに複数のアートボードを作っておくと、複数の画像を同時に編集したり、保存できたりするため便利です。ここでは、アートボードの増やし方をご紹介します。

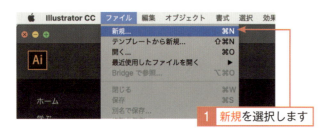

1 新規を選択します

## 1 ドキュメントを作成

Illustratorを開き、メニューバーからファイル→新規を選択してドキュメントを作成します❶。
「新規ドキュメント」ダイアログでは、「A4」を選択して❷、作成をクリックします❸。

2 「A4」を選択します
3 作成をクリックします

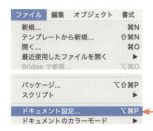

4 ドキュメント設定を選択します

## 2 「ドキュメント設定」ダイアログを表示

メニューバーからファイル→ドキュメント設定を選択して❹、「ドキュメント設定」ダイアログを表示します。

# 1-03 アートボードを追加する

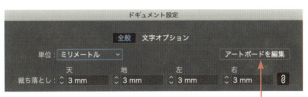

## 3 「アートボードを編集」をクリック

「ドキュメント設定」ダイアログで、アートボードを編集をクリックします❺。

5 アートボードを編集をクリックします

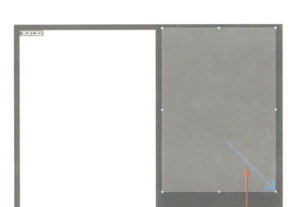

## 4 アートボードを追加

ドキュメントウィンドウ上でドラッグします❻。
別のツールを選択すると、アートボードが作成されます。

6 ドキュメントウィンドウ上でドラッグします

> **! Point**
> 追加したアートボードの大きさの調整は、「アートボードオプション」ダイアログ（21ページ）から行います。また、ツールバーからアートボードツールを選択し、「プロパティ」パネルから行うこともできます。
> 追加したアートボードは、ツールバーのアートボードツールを選択した状態で、選択して delete キーを押せば削除できます。

### Tips ドキュメントの作成時にアートボードの枚数を指定する

新規ドキュメントの作成の際に、「新規ドキュメント」ダイアログでアートボードの枚数を最初から指定できます。「プリセットの詳細」で、アートボードに作成する枚数を指定します。

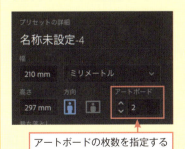

アートボードの枚数を指定する

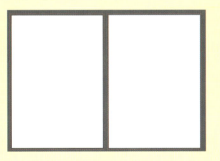

▶Lesson

# 04

# ドキュメントを保存する

作成した画像などのデータは、保存して残しておけます。保存をしておけば、いつでも開いて利用することができます。また、作成途中のデータを保存しておくことで、万一作業に失敗しても、保存しておいたところからやり直すことが可能になります。

### 1 「保存」を選択

メニューバーからファイル→保存を選択します❶。

### 2 ファイル名などを指定

名前、場所、ファイル形式を指定し❷、保存をクリックします❸。

### 3 オプションを設定

「Illustratorオプション」ダイアログが表示されるので、必要な箇所の入力や選択を行い、OKをクリックします❹。通常は、デフォルトのままで大丈夫です。

### 4 完成

指定したフォルダに、ドキュメントのファイルが保存されます。

▼Illustratorオプションの設定

| | |
|---|---|
| バージョン | Illustratorのバージョンを選択します。 |
| PDF互換ファイルを作成 | PDF互換ファイルを作成することで、Acrobatなどの他ソフトとの互換性が生まれます。 |
| 配置した画像を含む | リンク配置した画像（109ページ）が、強制的に埋め込みになります。 |
| ICCプロファイルを埋め込む | ICCプロファイルを埋め込みます。ここのチェックが入ったままだと、他のコンピュータで開いた場合に色味が変わることがあります。 |
| 圧縮を使用 | 画像を少し軽くして保存します。 |

#### ❗ Point

「Illustratorオプション」ダイアログでバージョンを「Illustrator CC」にしておけば、Illustrator CC以降であれば問題なくドキュメントを開くことができます。しかし、CS6などのCC以前のバージョンで開くと、実際に作ったデータと違う見え方になることがあります。もしCS6以前のバージョンで開く予定がある場合は、それに対応したバージョンを選択して保存しましょう。

#### Tips　ドキュメントを上書きで保存する

作業途中のデータは、こまめに保存しておきましょう。一度保存したドキュメントは、再度メニューバーからファイル→保存を選択することで、上書き保存されます。その際には、ファイル名などを指定するダイアログは表示されずに保存が実行されます。

また、Illustratorでは、通常の保存の他に「別名で保存」「複製で保存」を行うことができます。

「別名で保存」は上書きではなく、現在のドキュメントを別の名前で保存します。保存後は、別名で保存したドキュメントが表示されます。「別名で保存」は、メニューバーからファイル→別名で保存を選択して行います。

「複製を保存」は現在のドキュメントを複製して保存します。保存後は複製元のドキュメントが表示されます。「複製を保存」は、メニューバーでファイル→複製を保存を選択して行います。

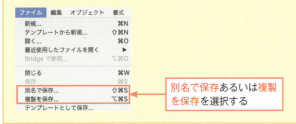

別名で保存あるいは複製を保存を選択する

# Lesson 05

# ファイル形式を変えて保存する

Illustratorでは、標準の「ai」の他にも、ファイル形式を指定してデータを保存することができます。どのファイル形式で保存するかで、データを開くことができるソフトが違ってきます。「別名を保存」を選択することで、ファイル形式を変更して保存することができます。

1 別名で保存を選択します

## 1 「別名で保存」を選択

メニューバーからファイル→別名で保存を選択します❶。

2 名前と場所を指定します
3 ファイル形式を選択します
4 保存をクリックします

## 2 ファイル形式などを指定

名前、場所を指定し❷、ファイル形式をリストから選択します❸。最後に保存をクリックします❹。
ここでは、ファイル形式として「Illustrator EPS（eps）」を選択しています。

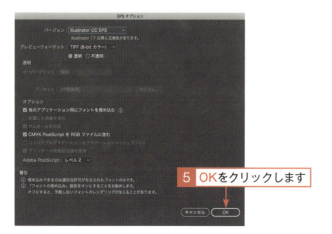

5 OKをクリックします

## 3 オプションを設定

「Illustratorオプション」ダイアログが表示されるので、必要な箇所の入力や選択を行い、OKをクリックします❺。通常は、デフォルトのままで大丈夫です。

第1章　データを作成・保存する

### 4 完成

指定したファイル形式で、ドキュメントが保存されます。

1-05 ファイル形式を変えて保存する

▼ファイル形式

| Adobe Illustrator (ai) | Adobe Illustratorで開ける拡張子です。PDF互換ファイルが作成されていればAdobe Readerでも開けますが、編集はできません。 |
|---|---|
| Illustrator EPS (eps) | 画像保存や印刷に適した拡張子です。Adobe Illustratorの他、Adobe Photoshopなど、画像を扱うソフトで開けるようになります。 |
| Illustrator Template (ait) | Illustratorのテンプレートとして保存します。 |
| Adobe PDF (pdf) | PDF文書として保存します。PDFを開けるソフトで開けるようになります。 |
| SVG (svg) | ベクタ画像として保存します。Adobe Illustratorで開けます。 |
| SVG圧縮 (svgz) | SVGをさらに圧縮して保存します。 |

> **Point**
> Illustratorでは、この他にもPNGやJPGといった画像保存に適した拡張子でも保存が可能です。その場合は「書き出し」の機能を利用します。メニューバーから**ファイル**→**書き出し**→**書き出し形式**を選択し、書き出し形式を選びます。

> **Tips テンプレートとして保存する**
>
> ドキュメントをテンプレートとして保存することで、他のデータを作る際に利用することができます。テンプレートは元となるデザインが同じで、それをちょっと変更して複数のデータを作成するときに便利です。
> テンプレートは、再度テンプレートとして保存しない限り上書き保存されないため、元のデータをずっと残しておくことができます。同じ構成の請求書やチラシなどを作成する場合に、便利な機能と言えるでしょう。
> テンプレートとして保存するには、メニューバーから**ファイル**→**テンプレートとして**　**保存**を選択します。
>
>
>
> **テンプレートとして保存**を選択する　　**テンプレートとして保存される**

027

► Lesson

# 06

# データを開いて編集する

Illustratorで作ったデータは、再び開いて編集することができます。途中で編集を中断した場合や、データを修正する際には必須の機能です。作業に長時間かかるデータや、前に作ったデータに手を加えたい場合などに利用します。

## 1 「開く」を選択

メニューバーからファイル→開くを選択します❶。

## 2 データを選択

開きたいデータがあるフォルダに移動し、データを選択して❷、開くをクリックします❸。

## 3 完成

データが開きます。

## Tips 最近使ったデータを開く

　Illustrator CCでは、アプリケーションを開くと、最近使ったファイルが表示されます。同じデータを直近のうちに何度も編集する場合には、こちらから選択すると便利です。

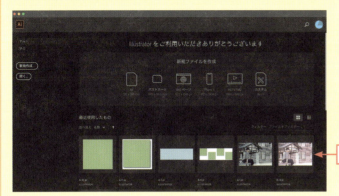

開くデータをクリックする

## Tips テンプレートを開く

　テンプレートとは、ある程度デザインや形が決まったドキュメントのことです。テンプレートを使うことで、決まったパターンのものを簡単に作れます。

　自分で作成したドキュメントはテンプレートとして保存することができます（27ページ）。また、事前に用意されているテンプレートを利用することもできます。Illustratorでは、CDケースやTシャツなど、さまざまなテンプレートが用意されています。

　テンプレートを開くには、メニューバーから ファイル→テンプレートから新規 を選択し、表示される一覧から使用するテンプレートを選択します。以下の例では、Tシャツのテンプレートを選択しています。

ファイル→テンプレートから新規を選択する

テンプレートを選択して、新規をクリックする

Tシャツのテンプレート

## Lesson 07

# データを印刷する

作成したデータはプリンターに転送して印刷することができます。印刷の前に、紙に印刷する位置や大きさ、枚数など、印刷の設定をしておくことで、自分の望み通りの仕上がりにすることが可能です。ここでは、部数と用紙の設定を行い、その後で印刷を実行しています。

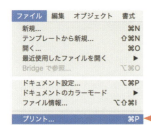

### 1 「プリント」ダイアログを表示

メニューバーからファイル→プリントを選択して❶、「プリント」ダイアログを表示します。

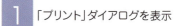

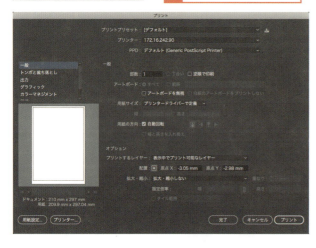

### 2 部数を設定

「プリント」ダイアログで、印刷の設定を行います。
部数で印刷する部数を指定します❷。

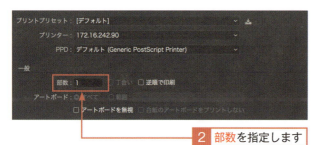

第1章　データを作成・保存する

1-07 データを印刷する

### 3 用紙を設定

用紙サイズを選択します❸。

3 用紙サイズを選択します

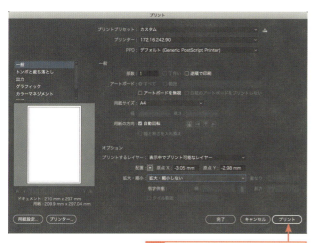

### 4 印刷を実行

「プリント」ダイアログでプリントをクリックします❹。

4 プリントをクリックします

▼プリントの設定項目

| 項目 | 説明 |
|---|---|
| プリントプリセット | プリセットを選択します。自分の設定したものを新しいプリセットにすることも可能です。 |
| プリンター | 印刷するプリンターを選びます。 |
| 部数 | 印刷する部数を指定します。 |
| アートボード | 印刷するアートボードを指定します（アートボードが複数ある場合）。 |
| 用紙サイズ | 用紙サイズを指定します。 |
| 用紙の方向 | 用紙の向きを設定します。 |
| プリントするレイヤー | プリントするレイヤーを指定します。 |
| 配置 | プリントの配置を決定します。中央や右寄せなどを指定することができます。 |
| 拡大・縮小 | 拡大・縮小の有無や、拡大・縮小する場合の大きさを指定します。 |

> **Point**
> 用紙の方向で「自動回転」にチェックを入れておくと、ドキュメントの向きに合わせて用紙の方向（縦向き・横向き）が自動的に設定されます。「自動回転」のチェックを外せば、向きを任意に指定することが可能になります。
> アートボードが複数ある場合は、アートボードで印刷するアートボードを指定することができます。
> また、「プリント」ダイアログの左下にあるプレビュー画面をドラッグすることで、印刷する範囲を調整できます。直感的に印刷する範囲を決められるため便利です。

## Tips プリントの「オプション」を設定する

「プリント」ダイアログの「オプション」では、印刷する位置などを細かく設定することができます。
プリントするレイヤーでは、実際にプリントするレイヤーを決められます。表示しているレイヤーのみを印刷することもできます。
　配置を設定することで、用紙内での印刷位置を指定できます。配置の右隣にある9つの四角のいずれかをクリックすると、クリックしたところを起点にした位置に移動します。
　原点Xと原点Yに原点からの距離を入力することでも、位置の指定ができます。原点は用紙の左上です。

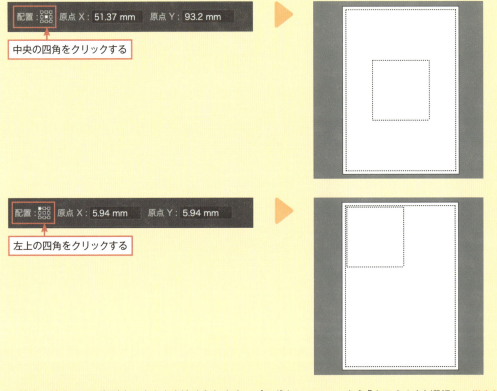

　拡大・縮小では、印刷する大きさを決められます。プルダウンメニューから「カスタム」を選択し、指定倍率を指定することで、指定した倍率で印刷されます。
　なお「用紙サイズに合わせる」を選ぶと、自動的に用紙サイズに合った倍率で印刷されます。

# 第2章

# 線や図形を
# 描画する

Illustratorにおいて、線（パス）や図形は、さまざまなオブジェクトを描くための基本になるものです。線や図形の描き方を基礎として応用すれば、デザインに応用したり、複雑なイラストが描けたりと、Illustrator利用の幅が広がります。この章では、線や図形の描き方を学んでいきましょう。

# Lesson 01

## ペンツールで線を描く

sample_2-1.ai

ペンツールを使うと、ポイント同士を結んだ線を描けます。ペンで描いた点の間に線が引かれていくイメージです。ペンツールは線を引いたり、図形を作ったりする際の最も基本的なツールなので、しっかり使い方を覚えておきましょう。

### 1 ドキュメントを作成

Illustratorを開き、メニューバーからファイル→新規を選択してドキュメントを作成します❶。

### 2 「ペンツール」を選択

ツールバーからペンツールを選択します❷。

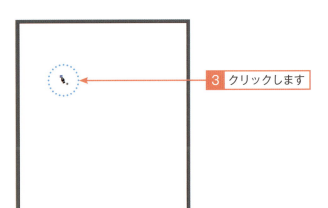

### 3 始点をクリック

アートボード上をクリックします❸。ここが線の始点になります。

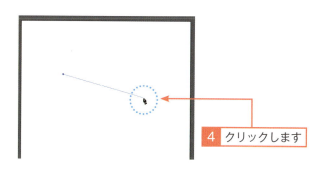

### 4 終点をクリック

終点をクリックしたら❹、enterキーを押します❺。これで線が確定します。

sample_2-1.ai

## Tips ペンツールで図形を作る

ペンツールの点と線を組み合わせることで、図形を作ることができます。
　図形を作るには、図形の角になる部分をクリックして点を打っていきます。最後に、始点と重なるように終点をクリックすれば、線が閉じて図形が作られます。

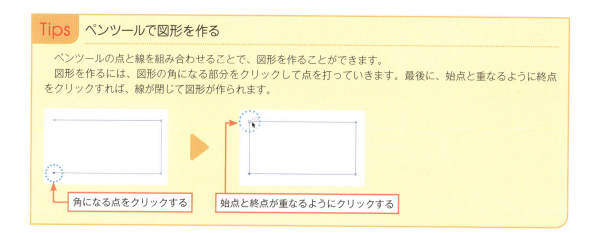

## Tips 角＝アンカーポイント・アンカーポイントを結ぶ線＝パス

　ペンツールでクリックした点は「アンカーポイント」、アンカーポイントを結ぶ線は「パス」と呼ばれます。アンカーポイントをコントロールすることで、自由な形の線を引くことが可能です。
　また「ダイレクト選択ツール」でアンカーポイントやパスを選択して動かせば、アンカーポイントの位置が動いて、線の形が変わります。
　図形の角を丸くしたい場合は、「ダイレクト選択ツール」でアンカーポイントを選択すると表示されるライブコーナー ◉ を内側にドラッグします。

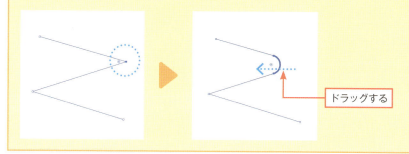

# Lesson 02

sample_2-2.ai

## 直線ツールでまっすぐな線を描く

直線ツールではまっすぐな線を引けます。ドラッグして感覚的に引くことができるため、1本だけの線を作りたい場合に便利なツールです。また、表などを作りたいときにも使えるため、基本のツールとして使い方を覚えておくと重宝します。

1 ドキュメントを作成します

### 1 ドキュメントを作成

Illustratorを開き、メニューバーからファイル→新規を選択してドキュメントを作成します❶。

2 直線ツールを選択します

### 2 「直線ツール」を選択

ツールバーから直線ツールを選択します❷。

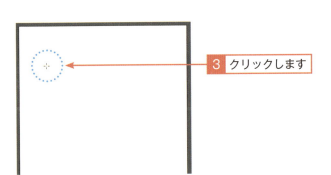

3 クリックします

### 3 始点をクリック

アートボード上で、直線の始点となる点をクリックします❸。

第2章 線や図形を描画する

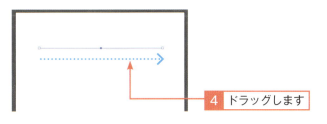

| 4 | 終点までドラッグ |

線の終点までドラッグします❹。

| 5 | 完成 |

ツールバーで他のツールを選択してドキュメントウィンドウのどこかをクリックすると、線が確定します。
sample_2-2.ai

2-02 直線ツールでまっすぐな線を描く

### Point
始点から終点までマウスを離さずにドラッグしてください。

### Tips 直線を編集する

「直線ツール」で描いた線は、アンカーポイントの位置を変えたり、全体を移動させたり、回転させたりすることができます。

アンカーポイントの位置を変えるには、ツールバーから選択ツールを選択し、直線を選択後、アンカーポイントをドラッグします。

直線を移動させるには、ツールバーから選択ツールを選択し、直線を選択後、線（パス）の部分をドラッグします。

直線を回転させるには、ツールバーから選択ツールを選択し、直線を選択後、アンカーポイントの外側でアイコンが回転マークに変わったらドラッグします。

ちなみにこれらの操作は、ペンツールで引いた線も同様に行えます。アンカーポイントや線の移動については、第4章で詳しく解説します。

### Tips 長さや角度を指定して直線を描く

あらかじめ長さや角度が決まっている場合には、ツールバーで直線ツールを選択後、始点をクリックすると表示される「直線ツールオプション」ダイアログで、長さや角度を入力してOKをクリックします。入力した通りの線が引けます。

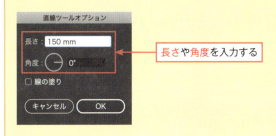

長さや角度を入力する

037

▶Lesson

# 03

sample_2-3.ai

# ペンツールで曲線を描く

ペンツールを使って曲線を描くこともできます。手軽に曲線を引くことができるので、簡単なイラストや図形などを描く際に便利です。曲線は、アンカーポイントの位置を変えたり、移動したりできます。また、ハンドルを操作して、曲がり具合を自在に調整することも可能です。

1 ドキュメントを作成します

### 1 ドキュメントを作成

Illustratorを開き、メニューバーから**ファイル→新規**を選択してドキュメントを作成します❶。

2 ペンツールを選択します

### 2 「ペンツール」を選択

ツールバーから**ペンツール**を選択します❷。

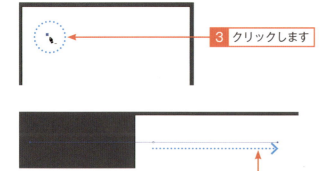

3 クリックします

### 3 始点をクリック

アートボード上で、曲線の始点となる点をクリックします❸。

4 ドラッグします

### 4 ドラッグする

クリックしたままドラッグします❹。

第2章 線や図形を描画する

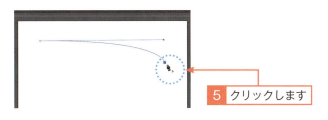

**5 終点をドラッグ**

終点をクリックし❺、enterキーを押します❻。

**6 完成**

これで線が確定します。
sample_2-3.ai

2-03 ペンツールで曲線を描く

### !Point
始点をクリックしたら、マウスを離さずにそのままドラッグしてください。

### Tips 線の曲がり具合を調整する

作成した曲線は、自由に曲がり具合を調整することができます。「ダイレクト選択ツール」で曲線のアンカーポイントを選択すると「ハンドル」が表示されます。アンカーポイントの位置やハンドルの向き、長さをドラッグで変更することで、それに合わせて線の曲がり具合が変わります。

また、線の途中にアンカーポイントを追加することで、曲線のコーナーを増やすこともできます。アンカーポイントの追加方法は、第4章で解説します（64ページ）。

### Tips 線や図形を削除する

作成した線や図形を削除するには、いくつかの方法があります。

線や図形の全体を消したい場合には、「選択ツール」などで線を選択して、メニューバーから編集→消去で消去できます。

一部分だけを消したい場合には、ツールバーで消しゴムツールを選んでから線の上をなぞるようにドラッグすると、ドラッグした部分だけを消すことができます（88ページ）。もともと繋がっていた線を切るように消しゴムを使うと、切られた線はそれぞれが独立した線になります。

▶Lesson
# 04

sample_2-4.ai

# ブラシツールで自由に線を描く

Illustratorでは、直線や曲線以外にも自由な線を引けます。ブラシツールや鉛筆ツールを使うと、感覚的に線が引けるため、初心者もやりやすいでしょう。イラストを描きたいときや直線や円弧の混ざった複雑な形の線を引きたいときは、こちらの方が便利です。

## 1 ドキュメントを作成

Illustratorを開き、メニューバーからファイル→新規を選択してドキュメントを作成します❶。

1 ドキュメントを作成します

## 2 「ブラシツール」を選択

ツールバーから「ブラシツール」を選択します❷。

2 ブラシツールを選択します

## 3 始点をクリック

アートボード上で、線の始点となる点をクリックします❸。

3 クリックします

第2章 線や図形を描画する

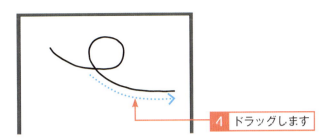

| 4 | ドラッグで描く |

線を描きたい場所をドラッグします❹。
sample_2-4.ai

1 ドラッグします

2-04 ブラシツールで自由に線を描く

### ❗ Point
始点から終点までマウスを離さずにドラッグしてください。

### Tips ブラシツールと鉛筆ツールの違い

「鉛筆ツール」でも「ブラシツール」と同様に自由な線を描くことができます。鉛筆ツールで線を描くには、ツールバーで鉛筆ツールを選択し、始点から終点までをドラッグします。
　ブラシツールでは、指定したブラシを適用した線が引けます。対して鉛筆ツールで引けるのは、ブラシを適用しない基本的な線のみとなります。

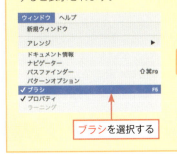
鉛筆ツール

ブラシツール

### Tips ブラシの種類を選択する

「ブラシツール」では、ブラシの種類を選択して線を描くことができます。丸い線や筆で書いたような線など、さまざまなブラシが用意されているので、自分の表現したいものに最適なブラシを選ぶとよいでしょう。なお、ブラシは自分で作ることも可能です。
　ブラシは、「ブラシ」パネルで変更できます。「ブラシ」パネルは、メニューバーからウィンドウ→ブラシを選択すると表示されます。

ブラシを選択する

041

# Lesson 05

sample_2-5.ai

# 長方形ツールで四角形を描く

長方形ツールを使えば、簡単に四角形を描けます。フリーハンドのものはもちろん、大きさを指定して描くことも可能です。デザインで四角形を描きたい場合に使えるツールで、使用頻度も高いので、しっかり使い方を覚えておきましょう。

## 1 ドキュメントを作成

Illustratorを開き、メニューバーからファイル→新規を選択してドキュメントを作成します❶。

## 2 「長方形ツール」を選択

ツールバーから「長方形ツール」を選択します❷。

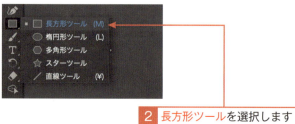

## 3 始点をクリック

アートボード上で、長方形の始点となる点をクリックします❸。

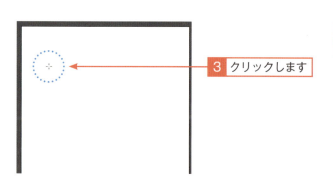

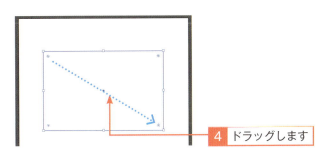

### 4 終点までドラッグ

長方形の終点の位置までドラッグします❹。

### 5 完成

ツールバーで他のツールを選択してドキュメントウィンドウのどこかをクリックすると、四角形が描けます。

`sample_2-5.ai`

> **! Point**
> 始点から終点までマウスを離さずにドラッグしてください。

---

#### Tips 大きさを指定して四角形を描く

　大きさを指定して四角形を描くこともできます。その場合は、ツールバーで長方形ツールを選択した後に、アートボード上で始点をクリックすると表示される「長方形」ダイアログに、幅と高さを入力します。OKをクリックすると、指定した大きさの四角形が描かれます。

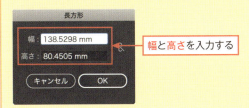

幅と高さを入力する

---

#### Tips 角が丸い四角形を描く

　「角丸長方形ツール」を使えば、角が丸い四角形を描けます。基本的な描き方は通常の「長方形ツール」と同じですが、角丸長方形ツールの場合、角の丸さを調整することも可能です。
　角丸長方形の角を調整する場合には、ライブコーナー（角丸長方形を選択したときにコーナーの内側に出てくる二重丸）◉ をドラッグします。
　なお、角丸長方形ツールは、基本のツールバーにはないため、メニューバーからウィンドウ→ツールバー→詳細設定に切り替えて表示しましょう（13ページ）。

043

## Lesson 06

sample_2-6.ai

# 楕円形ツールで円を描く

楕円形ツールを使えば、円を描くことができます。正確な円の他、縦長、横長の楕円も簡単に作れます。長方形ツールと同じように、こちらも使用頻度の高いツールです。感覚的に描くこともできますし、数字を入力して大きさなどを指定することも可能です。

1 ドキュメントを作成します

### 1 ドキュメントを作成

Illustratorを開き、メニューバーからファイル→新規を選択してドキュメントを作成します❶。

2 楕円形ツールを選択します

### 2 「楕円形ツール」を選択

ツールバーから楕円形ツールを選択します❷。

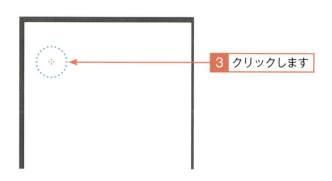

3 クリックします

### 3 始点をクリック

アートボード上で、円の始点となる点をクリックします❸。

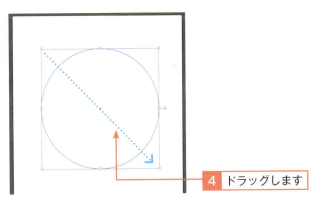

### 4 終点までドラッグ

円の終点の位置までドラッグします❹。

4 ドラッグします

### 5 完成

ツールバーで他のツールを選択してドキュメントウィンドウのどこかをクリックすると、円が描けます。

`sample_2-6.ai`

### ⚠ Point

始点から終点までマウスを離さずにドラッグしてください。

### Tips　正確な円を描く

　上下左右の比率が同じ正確な丸を描くには、[shift]キーを押しながらドラッグします。[shift]キーを押したままドラッグを解除するのがコツです。
　円の大きさを指定して描くこともできます。ツールバーで楕円形ツールを選択後に始点をクリックすると、「楕円形」ダイアログが表示されます。そこで幅と高さを入力します。OKをクリックすると、指定した大きさで円が描かれます。

幅と高さを入力する

▶Lesson

# 07

sample_2-7.ai

# 多角形ツールで多角形を描く

多角形ツールを使うと、三角形や五角形などの多角形を描けます。辺の数を指定して描けるため、さまざまな形を描くことが可能です。イラストやデザインで、多角形を利用したい場合に最適なツールです。基本の多角形を作って、形を変形させるのにも使えます。

## 1 ドキュメントを作成

Illustratorを開き、メニューバーからファイル→新規を選択してドキュメントを作成します❶。

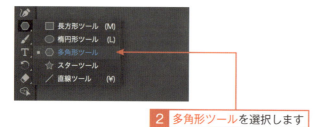

## 2 「多角形ツール」を選択

ツールバーから多角形ツールを選択します❷。

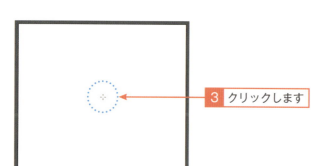

## 3 中心をクリック

アートボード上で、多角形の中心となる点をクリックします❸。

第2章 線や図形を描画する

2-07 多角形ツールで多角形を描く

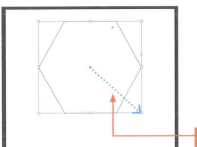

### 4 外側に向けてドラッグ

最初の点(中心)から遠ざかるようにドラッグします❹。

4 ドラッグします

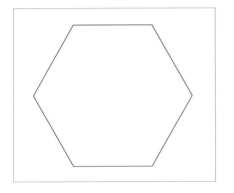

### 5 完成

ツールバーで他のツールを選択してドキュメントウィンドウのどこかをクリックすると、多角形が描けます。

sample_2-7.ai

> **Point**
> 始点から終点までマウスを離さずにドラッグしてください。
> [shift]キーを押しながらドラッグすると、アートボードに対して平行に多角形を描くことができます。

---

**Tips　多角形の辺の数を変更する**

多角形ツールでは、多角形の辺の数や半径を指定して作成することもできます。その場合は、ツールバーで多角形ツールを選択した後に、アートボード上でクリックすると表示される「多角形」ダイアログで指定します。

デフォルトの状態(辺の数を指定しない場合)では、六角形が描かれます。辺の数を指定することで、三角形や八角形を作ることが可能です。

多角形を描いた後は、アンカーポイントを動かすことで形を変えられます。また、多角形を選択してドラッグすれば移動も可能です。さらにバウンディングボックスの外側にカーソルを移動させれば回転、ライブコーナー(43ページ)をドラッグすることで角を丸くすることもできます。形の変更などについては、第4章で解説します。

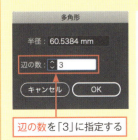
辺の数を「3」に指定する

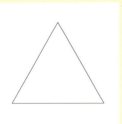

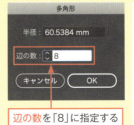
辺の数を「8」に指定する

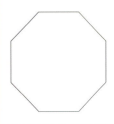

## Tips スターツールで星を描く

スターツールを使うと、簡単に星の形を描くことができます。使い方は多角形ツールと同様で、ツールバーでスターツールを選択して、アートボード上で中心点をクリックしてドラッグします。

星の半径や点の数を指定して描くこともできます。その場合は、ツールバーでスターツールを選択した後に、アートボード上でクリックすると表示される「スター」ダイアログで、半径や点の数を入力します。

第1半径とは星の外側の点の半径で、第2半径とは、星の内側の点の半径です。星の場合は点が5つですが、点の数を増やしたり減らしたりすることで、星以外のものも描くことができます。

スターツールでは、応用次第でさまざまなものが作れるので、いろいろ試してみましょう。

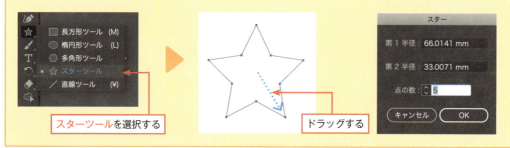

## Tips 編集したくない線や図形に鍵をかける

編集したくない線や図形（オブジェクト）をロックすることによって、そのオブジェクトの編集ができないようにします。

ロックしたい線や図形を「選択ツール」などで選択して、メニューバーからオブジェクト→ロック→選択を選択します。これで、選択した線や図形がロックされます。

ロックには、選択したオブジェクトをロックする以外にも、いくつかの種類があります。

「選択」は、選択したオブジェクトをロックします。

「前面のすべてのアートワーク」は、選択したオブジェクトの前面にあるアートワークがロックされます。

「その他のレイヤー」は、選択したオブジェクトがあるレイヤー以外のレイヤーをロックします。

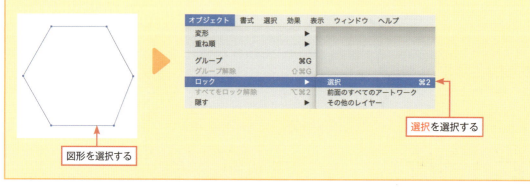

# 第3章

# 線や図形の色を設定する

線や図形を自由に描けるようになったら、今度は色を付けていきましょう。Illustratorでは、描いた線や図形に対して、さまざまな色を付けることができます。色を付けることによって、表現の幅が広がり、デザインなどに応用することで深みが増します。この章では、線や図形に色を付ける方法を学んでいきましょう。

## Lesson 01

### 線の色を変更する

sample_3-1.ai

描いた線は色を指定することで、指定した色に変えることができます。Illustratorの場合、線を引いた後で自由に色を変えることが可能で、また何度でも変更できます。線の色が変わるとデザインの印象も変わるため、いろいろと試してみましょう。

1 ドキュメントを作成します

#### 1 ドキュメントを作成

Illustratorを開き、メニューバーからファイル→新規を選択してドキュメントを作成します❶。

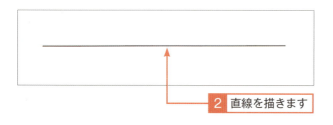
2 直線を描きます

#### 2 線を描く

ツールバーから直線ツールを選択して、アートボード上に直線を描きます❷(36ページ)。

3 選択ツールを選択します

#### 3 線を選択する

ツールバーから選択ツールを選択して❸、色を変えたい線をクリックで選択します❹。

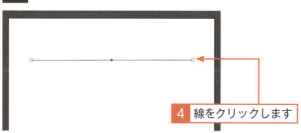
4 線をクリックします

第3章 線や図形の色を設定する

## 4 「カラー」パネルを表示

5 カラーを選択します

メニューバーからウィンドウ→カラーを選択して❺、「カラー」パネルを表示します。

## 5 「線」をクリック

6 線をクリックします

「カラー」パネルで線をクリックします❻。

## 6 色を指定

7 色を指定します

CMYKそれぞれのつまみを操作するか、パーセンテージを入力して色を指定します❼。「カラー」パネル下部のスペクトル（色が付いたバー）をクリックして、色を選択することも可能です。

## 7 完成

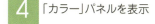

線の色が変更されます。
sample_3-1.ai

> **Point**
> 「カラー」パネルのカラーモードが「RGB」になっている場合は（56ページ）、RGBのつまみを操作してください。

> **Tips** 線の色を先に決めておく
> ここで記載した方法は、後から線の色を変える方法ですが、最初から線の色を指定することもできます。その場合は先に「カラー」パネルで色を指定し（手順❺〜❼の作業）、それから「直線ツール」で線を引きます。

3-01 線の色を変更する

# Lesson 02

## 図形の色を変更する

sample_3-2.ai

図形の「塗り」の色を指定することで、図形の色を変えることができます。図形を囲む線の色だけでなく、図形全体の色も自由自在に変更可能です。色の変更ができれば、自分の思い通りの図形を描くことができるようになるでしょう。

1 ドキュメントを作成します

### 1 ドキュメントを作成

Illustratorを開き、メニューバーから**ファイル→新規**を選択してドキュメントを作成します❶。

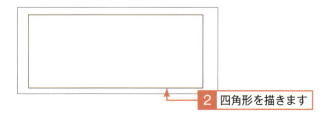
2 四角形を描きます

### 2 図形を描く

ツールバーから**長方形ツール**を選択して、アートボード上に四角形を描きます❷（42ページ）。

3 選択ツールを選択します

### 3 図形を選択する

ツールバーから**選択ツール**を選択して❸、色を変えたい図形をクリックで選択します❹。

4 四角形をクリックします

第3章 線や図形の色を設定する

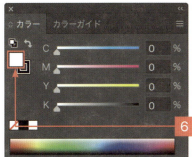

## 4 「カラー」パネルを表示

メニューバーからウィンドウ→カラーを選択して❺、「カラー」パネルを表示します。

## 5 「塗り」をクリック

「カラー」パネルで塗りをクリックします❻。

## 6 色を指定

CMYKそれぞれのつまみを操作するか、パーセンテージを入力して色を指定します❼。「カラー」パネル下部のスペクトル（色が付いたバー）をクリックして、色を選択することも可能です。

## 7 完成

図形の色が変更されます。

`sample_3-2.ai`

3-02 図形の色を変更する

> **Point**
> 「カラー」パネルのカラーモードが「RGB」になっている場合は（56ページ）、RGBのつまみを操作してください。

> **Tips** 図形の「線」と「塗り」
> 　図形は、図形の形である「塗り」と、それを囲む「線」で作られています。「カラー」パネルの左上に記載されている四角が「塗り」の色で、その右下にある中抜きの四角が「線」の色です。図形の色を決める際には、それぞれの色を「カラー」パネルで指定します。
> 　なお、塗りや線は透明にすることも可能です。透明にする場合には「カラー」パネルの左下にある、斜め線が引かれたボックス ▱ をクリックします。

053

## ▶Lesson 03

sample_3-3.ai

# 図形をグラデーションで塗る

Illustratorでは、線や図形を単色ではなく、グラデーションで塗ることもできます。グラデーションを使うと、1つの図形を2色以上のカラーで塗ることができるため、単色とは違ったデザインの表現の仕方が可能となります。

### 1 ドキュメントを作成

Illustratorを開き、メニューバーからファイル→新規を選択してドキュメントを作成します❶。

1 ドキュメントを作成します

### 2 図形を描く

ツールバーから長方形ツールを選択して、アートボード上に四角形を描きます❷（42ページ）。

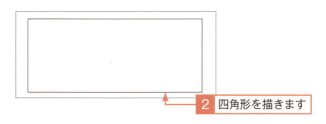

2 四角形を描きます

### 3 図形を選択する

ツールバーから選択ツールを選択して❸、グラデーションで塗りたい図形をクリックで選択します❹。

3 選択ツールを選択します

4 四角形をクリックします

第3章 線や図形の色を設定する

## 4 「グラデーション」パネルを表示

メニューバーからウィンドウ→グラデーションを選択して❺、「グラデーション」パネルを表示します。

5 グラデーションを選択します

## 5 グラデーションを設定

「グラデーション」パネルで塗りをクリックし❻、グラデーションの種類を選択します❼。ここでは「線形グラデーション」を選択しています。

6 塗りをクリックします

7 種類を選択します

## 6 完成

図形がグラデーションで塗られます。

`sample_3-3.ai`

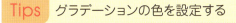

3-03 図形をグラデーションで塗る

### ❶ Point

線をグラデーションにする場合は、「グラデーション」パネルで線をクリックしてください（手順❻）。

### Tips グラデーションの色を設定する

「グラデーション」パネルのスライダーを調節することで、グラデーションのバランスを調整することができます。また、塗りをダブルクリックして表示される「カラーピッカー」ダイアログで、グラデーションの色を設定することもできます。

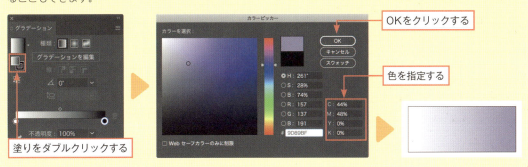

055

## Lesson 04
# カラーモードを変更する

Illustratorでは、ドキュメントごとに使用するカラーモードを選択できます。また、「カラー」パネルでも、どのカラーモードを利用して色を指定するかが選べます。カラーモードは印刷などに影響するため、印刷物を作る際には重要になるポイントです。

### 1 ドキュメントを作成

Illustratorを開き、メニューバーからファイル→新規を選択してドキュメントを作成します❶。

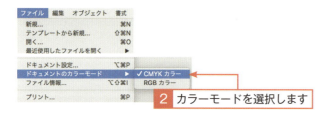

### 2 カラーモードを選択

メニューバーのファイル→ドキュメントのカラーモードから、CMYKカラーとRGBカラーどちらかのカラーモードを選択します❷。

CMYKカラー

RGBカラー

### 3 完成

カラーモードが変更されました。

## Tips 「カラー」パネルのカラーモードを変更する

「カラー」パネルで色を指定する際にも、どのカラーモードを使うのかを選択できます。その場合は、「カラー」パネルのメニューアイコン ≡ をクリックし、カラーモードを選択します。

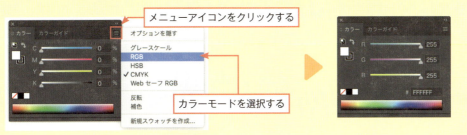

## Tips CMYKモードとRGBモードの違い

CMYKとRGBの大きな違いは、印刷したときの色味に現れます。
CMYKは「シアン・マゼンタ・イエロー・黒（キープレート）」の4つ、RGBは「赤・緑・青」の3つで、各色を構成します。印刷物はCMYKが使われることが多いため、印刷時との色の誤差をなるべく少なくしたい場合は、CMYKモードが向いています。
対してRGBは、CMYKより鮮やかなカラー表現が可能です。Webなどの画面に使う画像に向いたカラーモードと言えます。
ちなみにHSBは、「色相、彩度、明度」でカラーを表現しています。明るさや鮮やかさでカラーを変更できるため、同じ色味で統一させたいなどに使うと便利です。

## Tips 色を最初の設定に戻す

変更した色を最初の設定に戻したいと思った場合には、「カラー」パネル左上にある初期設定の塗りと線 をクリックすることで、最初の状態に戻すことができます。
また、初期設定の色を変えたい場合は、初期設定にしたい塗りと線の図形を描き、それを「グラフィックスタイル」パネルの「初期設定のグラフィックスタイル」の上に、optionキー（Windowsの場はaltキー）を押しながらドラッグします。「グラフィックスタイル」パネルが開いていない場合には、メニューバーからウィンドウ→グラフィックスタイルを選択して表示しましょう。

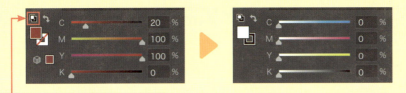

# Lesson 05

# スウォッチを登録する

自分で作った色は、スウォッチに登録できます。スウォッチに登録しておけば、その色をもう一度使いたいと思ったときに、簡単に線や図形に設定することが可能です。色に統一感を持たせたい場合や、複雑な色設定を行った場合に、スウォッチに登録しておくと便利でしょう。

## 1 ドキュメントを作成

Illustratorを開き、メニューバーからファイル→新規を選択してドキュメントを作成します❶。

1 ドキュメントを作成します

## 2 「カラー」パネルを表示

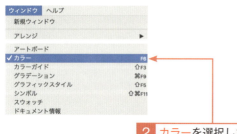

メニューバーからウィンドウ→カラーを選択して❷、「カラー」パネルを表示します。

2 カラーを選択します

## 3 色を指定

「カラー」パネルでスウォッチに登録したい色を指定します❸。
あるいは、「カラー」パネルを表示した状態で登録したい色を使っている線や図形を選択します。

3 色を指定します

第3章 線や図形の色を設定する

3-05 スウォッチを登録する

## 4 スウォッチを作成

「カラー」パネルのメニューアイコン ≡ をクリックしてメニューを開き❹、新規スウォッチを作成を選択します❺。

## 5 スウォッチを登録

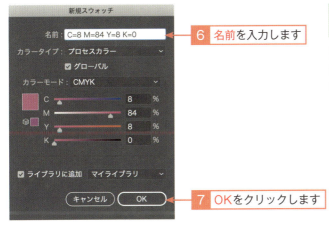

「新規スウォッチ」ダイアログが表示されるので、名前を入力して❻、OKをクリックします❼。

---

### Tips 登録したスウォッチを利用する

　登録したスウォッチは、「スウォッチ」パネルから使用することができます。「スウォッチ」パネルは、メニューバーからウィンドウ→スウォッチを選択して表示します。
　「スウォッチ」パネルで登録したスウォッチをクリックすると、その色が「線」や「塗り」の色に設定されます。
　また、「CCライブラリ」パネルにもスウォッチが表示されるので、そちらで登録したスウォッチをクリックすれば、「線」や「塗り」の色を設定することができます。

登録したスウォッチをクリックする

## Tips 「スウォッチ」パネルから登録する

「カラー」パネルを経由せずに、「スウォッチ」パネルから登録を行う方法もあります。「スウォッチ」パネルの下側にある新規スウォッチ をクリックすると、「新規スウォッチ」ダイアログが表示されます。ここで、スウォッチの名前と色を指定します。

また、「スウォッチ」パネルで登録されたスウォッチを選択して、スウォッチを削除 をクリックすると、登録したスウォッチを削除することができます。

新規スウォッチをクリックする

## Tips スウォッチにパターンを登録する

スウォッチには、色だけではなく、パターン（模様）を登録することもできます。

メニューバーからオブジェクト→パターン→作成を選択して、パターンの編集画面を表示させます。編集画面で図形などを描画してパターンを作成し、完了をクリックすれば、作成したパターンがスウォッチに登録されます。

登録したスウォッチを図形の「塗り」の色に設定すると、パターンを繰り返して図形が塗りつぶされます。一定の範囲に同じ模様を配置したいときなどに、パターンを登録しておくと便利です。

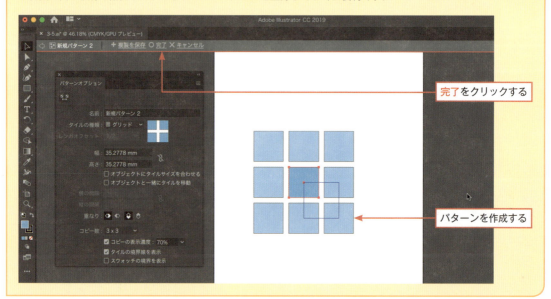

完了をクリックする

パターンを作成する

# 第4章

# 線や図形を
# 変更する

作った線の太さや図形の形、重ね順などは、自由に変更ができます。Illustratorでデザインを行う際には、これらを覚えておくことが必須です。太さや形、重ね順などを変えることによって、線や図形をイメージした通りに近付けることができるでしょう。この章では、線の太さや図形の形、重ね順など、簡単なオブジェクトの調整の仕方を学んでいきましょう。

# Lesson 01

## 図形を変形する

sample_4-1.ai

線や図形の形を決めるのは「アンカーポイント」と「ハンドル」です。図形を思い通りの形にするには、この2つを思い通りに動かせるようになることが大切です。アンカーポイントとハンドルを操作して、図形を変形させてみましょう。

### 1 サンプルを開く

Illustratorを開き、メニューバーから**ファイル→開く**を選択して、サンプルのドキュメントを開きます❶。

サンプルでは、アートボード上に多角形と円が描かれています。

sample_4-1.ai

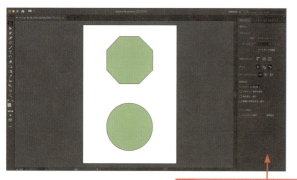

1 サンプルを開きます

### 2 「ダイレクト選択ツール」を選択

ツールバーから**ダイレクト選択ツール**を選択します❷。

2 ダイレクト選択ツールを選択します

### 3 ドラッグで変形

アンカーポイントをクリックで選択して❸、ドラッグで変形させます❹。

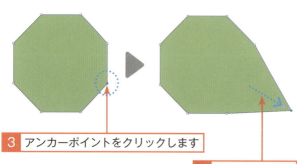

3 アンカーポイントをクリックします

4 ドラッグします

## ■ ハンドルで円を変形する

ハンドルは、アンカーポイントに付随しているものです。曲線に接するアンカーポイントを「ダイレクト選択ツール」で選択すると表示されます。ハンドルを操作することで、線の曲がり具合を変更することができます。

### 1 「ダイレクト選択ツール」を選択

ツールバーから ダイレクト選択ツール を選択します❶。

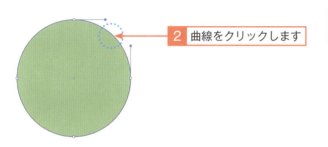

### 2 曲線をクリック

曲線（パス）をクリックすると❷、ハンドルが表示されます。

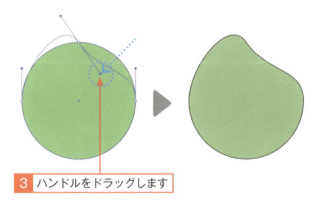

### 3 ドラッグで変形

ハンドルの先端をドラッグすると❸、図形が変形されます。

> **! Point**
> ハンドルを引き伸ばせば曲線の長さが変わり、傾ければ曲線の方向が変わります。

> **Tips** 「選択ツール」と「ダイレクト選択ツール」
> 　図形や線を選択するためのものとして「選択ツール」と「ダイレクト選択ツール」があります。「選択ツール」は全体を選択するツールで、「ダイレクト選択ツール」は個々のパーツを選択するツールです。
> 　アンカーポイントやハンドルを選択する際には、「ダイレクト選択ツール」を使いましょう。

# Lesson 02

sample_4-2.ai

## アンカーポイントを追加する

線や図形の形を作る基本は、アンカーポイントを増やしたり減らしたりすることです。アンカーポイントを増やすことで、より細かく図形の形を調整することができるようになります。アンカーポイントの増減の仕方を覚え、目的の形を作りましょう。

1 サンプルを開きます

### 1 サンプルを開く

Illustratorを開き、メニューバーからファイル→開くを選択して、サンプルのドキュメントを開きます❶。
サンプルでは、アートボード上に四角形が描かれています。

sample_4-2.ai

2 選択ツールを選択します

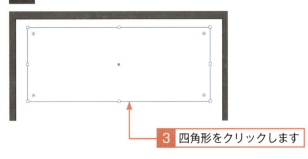

3 四角形をクリックします

### 2 図形を選択

ツールバーから選択ツールを選択して❷、アンカーポイントを追加する図形をクリックで選択します❸。

4 ペンツールを選択します

### 3 「ペンツール」を選択

ツールバーからペンツールを選択します❹。

第4章 線や図形を変更する

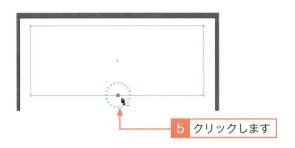

### 4 線をクリック

線（パス）の上でクリックします❺。

### 5 完成

アンカーポイントが追加されます。

4-02 アンカーポイントを追加する

---

**Tips アンカーポイントを削除する**

　アンカーポイントは増やすだけでなく、削除もできます。アンカーポイントを削除する場合は、「ペンツール」で削除したいアンカーポイントをクリックします。
　アンカーポイントを削除すると、残ったアンカーポイント同士が結ばれて、図形が組み直されます。

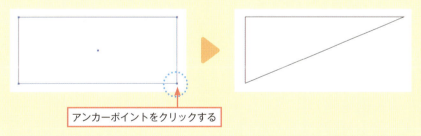

---

**Tips 線（パス）を動かす**

　「ダイレクト選択ツール」で線（パス）をドラッグすると、線の位置を動かすことができます。図形を構成する線を動かすと、それに合わせて図形が変形されます。
　「選択ツール」で線をドラッグすると、変形せずに位置だけが移動します。

065

# Lesson 03

## 線の太さや種類を変更する

sample_4-3.ai

Illustratorでは、線の太さや種類も自在に変更できます。線の太さや種類を変えると、図形や線の印象が変わり、デザインの雰囲気を変えることも可能です。種類はあらかじめ設定されているものはもちろん、自分で作ったものも使えます。

1 サンプルを開きます

### 1 サンプルを開く

Illustratorを開き、メニューバーからファイル→開くを選択して、サンプルのドキュメントを開きます❶。
サンプルでは、アートボード上に四角形が描かれています。

sample_4-3.ai

2 選択ツールを選択します

### 2 図形を選択

ツールバーから選択ツールを選択して❷、線を変更する図形をクリックで選択します❸。

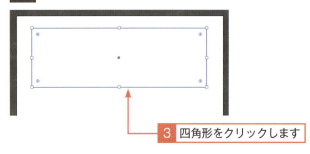

3 四角形をクリックします

### 3 「アピアランス」パネルを表示

4 アピアランスを選択します

メニューからウィンドウ→アピアランスを選択して❹、「アピアランス」パネルを表示します。

### 4　線を設定

「アピアランス」パネルで線をクリックし❺、線幅や破線などを設定します❻。

### 5　完成

線の太さや種類が変更されます。

4-03 線の太さや種類を変更する

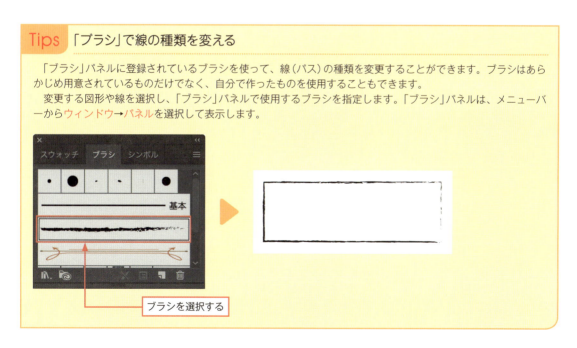

### Tips　「ブラシ」で線の種類を変える

「ブラシ」パネルに登録されているブラシを使って、線（パス）の種類を変更することができます。ブラシはあらかじめ用意されているものだけでなく、自分で作ったものを使用することもできます。

変更する図形や線を選択し、「ブラシ」パネルで使用するブラシを指定します。「ブラシ」パネルは、メニューバーからウィンドウ→パネルを選択して表示します。

▶Lesson

# 04

sample_4-4.ai

## 線や図形を回転させる

描いた線や図形は自由な角度に回転できます。四角形や円、多角形などを回転させて使いたいときに利用しましょう。回転角度を数字で入力して回転させることもできますが、数字を入力しなくても、ドラッグで感覚的に回転させる方法もあります。

1 サンプルを開きます

### 1 サンプルを開く

Illustratorを開き、メニューバーから**ファイル**→**開く**を選択して、サンプルのドキュメントを開きます❶。
サンプルでは、アートボード上に四角形が描かれています。

sample_4-4.ai

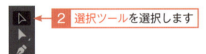

2 選択ツールを選択します

### 2 図形を選択

ツールバーから**選択ツール**を選択して❷、回転させる図形をクリックで選択します❸。

3 四角形をクリックします

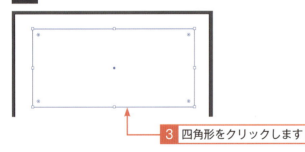

4 回転を選択します

### 3 「回転」ダイアログを表示

メニューバーから**オブジェクト**→**変形**→**回転**を選択して❹、「回転」ダイアログを表示します。

第4章 線や図形を変更する

## 4 角度を指定

「回転」ダイアログで、角度に回転する角度を指定し❺、OKをクリックします❻。

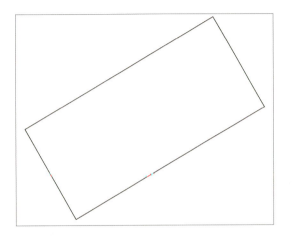

## 5 完成

図形が回転します。

4-04 線や図形を回転させる

### ❗ Point
「回転」ダイアログでプレビューにチェックを入れると、回転させた後の状態を画面上で確認しながら作業を進めることができます。

### Tips 角度を入力しないで線や図形を回転させる

「回転ツール」を使用しないで線や図形を回転させることもできます。

「選択ツール」で線や図形を選択し、マウスのカーソルをアンカーポイントの近くに持っていきます。すると半円型に両矢印が付いたカーソルに変わるので、そのときにドラッグすると、自由な角度で回転させられます。

また、shiftキーを押しながらドラッグすることで、45°単位で回転させられます。

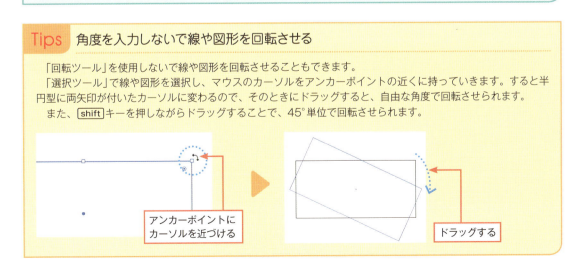

# Lesson 05

## 線や図形を反転させる

sample_4-5.ai

線や図形を反転させるには「リフレクト」を使います。リフレクトでは、水平、垂直、どちらにも反転させられます。同じオブジェクトを反転させて使いたい場合や、反転コピーなどをしたい場合に便利です。また、軸も自由に変更できます。

1 サンプルを開きます

### 1 サンプルを開く

Illustratorを開き、メニューバーから**ファイル→開く**を選択して、サンプルのドキュメントを開きます❶。
サンプルでは、アートボード上に星が描かれています。

sample_4-5.ai

2 選択ツールを選択します

### 2 図形を選択

ツールバーから**選択ツール**を選択して❷、反転させる図形をクリックで選択します❸。

3 星をクリックします

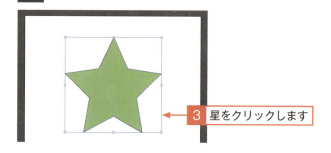

4 リフレクトを選択します

### 3 「リフレクト」ダイアログを表示

メニューバーから**オブジェクト→変形→リフレクト**を選択して❹、「リフレクト」ダイアログを表示します。

第4章 線や図形を変更する

## 4 軸を指定

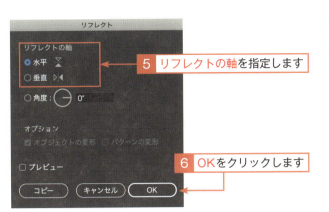

「リフレクト」ダイアログでリフレクトの軸を指定し❺、OKをクリックします❻。

5 リフレクトの軸を指定します

6 OKをクリックします

## 5 完成

図形が反転します。

4-05 線や図形を反転させる

> **! Point**
> 「リフレクト」ダイアログでプレビューにチェックを入れると、反転させた後の状態を画面上で確認しながら作業を進めることができます。

### Tips　リフレクトの軸の位置を指定する

　ここに記載した方法で線や図形（オブジェクト）を反転させる場合、軸はオブジェクトの中心に置かれ、それを中心にして反転されます。
　もし、オブジェクトの中心以外に軸を持ってきたいのであれば、オブジェクトを選択した後に、ツールパネルからリフレクトツールを選択し、軸にしたい場所をoptionキー（Windowsではaltキー）を押しながらクリックします。クリックした場所を軸にしてオブジェクトが反転します。

軸を中心に回転する

 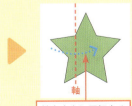
軸を中心に回転する

071

## Lesson 06

# 線や図形を拡大・縮小する

sample_4-6.ai

描いた線や図形は、拡大・縮小したり、傾けたりできます。描いた図形の大きさを変更したい場合や、図形に傾斜を付ける場合などに利用しましょう。特に拡大・縮小はよく使うツールで、Illustratorを操作する際の基本となります。

### 1 サンプルを開く

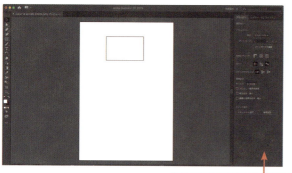
1 サンプルを開きます

Illustratorを開き、メニューバーから**ファイル→開く**を選択して、サンプルのドキュメントを開きます❶。
サンプルでは、アートボード上に四角形が描かれています。

sample_4-6.ai

2 選択ツールを選択します

### 2 図形を選択

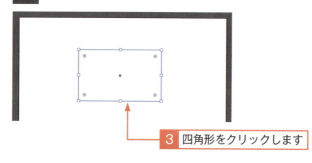
3 四角形をクリックします

ツールバーから**選択ツール**を選択して❷、拡大・縮小する図形をクリックで選択します❸。

### 3 「拡大・縮小ツール」を選択

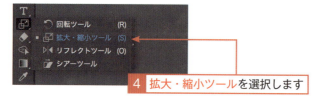
4 拡大・縮小ツールを選択します

ツールバーから**拡大・縮小ツール**を選択します❹。

第4章 線や図形を変更する

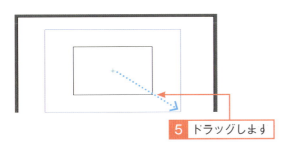

4 ドラッグで拡大・縮小

図形をドラッグすると拡大・縮小します❺。外側にドラッグすると拡大、内側にドラッグすると縮小します。

5 ドラッグします

5 完成

図形が拡大されます。

4-06 線や図形を拡大・縮小する

> **Tips** 図形を傾ける
>
> 「シアーツール」を使うと、図形を傾けることができます。傾けたい図形を選択して、ツールバーからシアーツールを選択します。ドラッグすると、それに合わせて図形が傾きます。

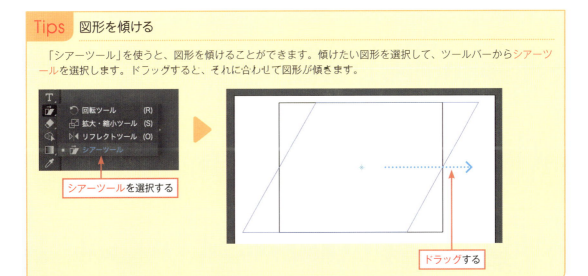

シアーツールを選択する

ドラッグする

> **Tips** メニューから拡大・縮小を行う
>
> 「拡大・縮小ツール」「シアーツール」は、それぞれオブジェクト→編集メニューから行うことができます。変更後の大きさや傾き角度などが決まっている場合は、こちらの方法で値を直接指定すると便利です。

> **Point**
>
> 通常は図形の中心を基準点にして傾けられます。基準点を変更したい場合は、「シアーツール」を選択した後に、基準点にしたい場所をクリックします。

073

▶Lesson

# 07

sample_4-7.ai

# 線や図形を複製する

作った線や図形は複製できます。その際には、コピー&ペーストを使うと便利です。同じ形のものをいくつも並べたい場合や、同じ形をコピーして変形させたい場合に使いましょう。また、貼り付けの仕方によっては、貼り付ける場所も選べます。

### 1 サンプルを開く

Illustratorを開き、メニューバーからファイル→開くを選択して、サンプルのドキュメントを開きます❶。

サンプルでは、アートボード上に四角形が描かれています。

sample_4-7.ai

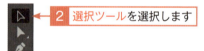

### 2 図形を選択

ツールバーから選択ツールを選択して❷、複製する図形をクリックで選択します❸。

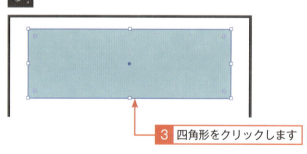

### 3 「コピー」を選択

メニューバーから編集→コピーを選択します❹。

### 4 「ペースト」を選択

メニューバーから編集→ペーストを選択します❺。

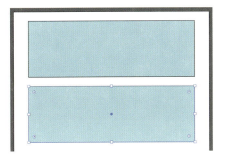

5 ペーストを選択します

### 5 完成

コピーした図形が貼り付けられます。

4-07 線や図形を複製する

> **⚠ Point**
> 図形は画面中央にペースト（貼り付け）されます。「選択ツール」で図形を選択し、ドラッグで位置を調整しましょう。

---

**Tips　ドラッグで複製する**

線や図形は、ドラッグで簡単に複製することもできます。「選択ツール」で線や図形を選択し、option キー（Windowsの場合は alt キー）を押しながらドラッグします。

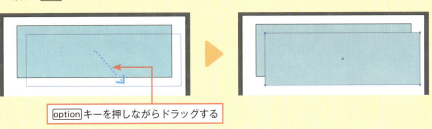

option キーを押しながらドラッグする

---

**Tips　さまざまな貼り付け方法**

ペーストを行うと、コピーしたものを画面中央に貼り付けます。ペーストの仕方によって、貼り付けられる位置が異なります。メニューバーには、それぞれの仕方に対応した「ペースト」が用意されています。
「前面へペースト」は、コピーしたオブジェクトの前面に重ねてペーストします。
「背面へペースト」は、コピーしたオブジェクトの背面に重ねてペーストします。
「同じ位置にペースト」は、コピーしたオブジェクトと同じ位置にペーストします。
また、「回転」「リフレクト」「シアー」でもコピーが可能です。これらの場合は、角度など指定した後に設定ダイアログ内の「コピー」ボタンをクリックすると、元のオブジェクトに回転など加えた状態で図形がコピーされます。

# Lesson 08

## 線や図形の重ね順を変更する

sample_4-8.ai

Illustratorでは、基本的に後から描いた線や図形（オブジェクト）が手前に重なっていくようになっています。先に描いたオブジェクトは、重ね順を変えることで手前にすることができます。逆に手前にあるオブジェクトを後ろにしたり、1番前や1番後ろに移動することも可能です。

1 サンプルを開きます

### 1 サンプルを開く

Illustratorを開き、メニューバーからファイル→開くを選択して、サンプルのドキュメントを開きます❶。
サンプルでは、アートボード上に重なった状態で2つの四角形が描かれています。

sample_4-8.ai

2 選択ツールを選択します

3 四角形をクリックします

### 2 図形を選択

ツールバーから選択ツールを選択して❷、重ね順を変更する図形をクリックで選択します❸。

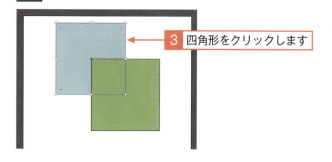

4 前面へを選択します

### 3 「前面へ」を選択

メニューバーからオブジェクト→重ね順→前面へを選択します❹。

第4章 線や図形を変更する

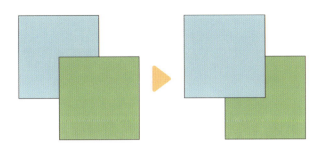

| 4 | 完成 |

図形が手前に移動されます。

4-08 線や図形の重ね順を変更する

### Tips 最前面・最背面に移動する

たくさんの図形の下に埋もれた図形を手前に持ってくるのに、ひとつひとつ重ね順を動かしていくのでは手間がかかります。そのような場合は、「最前面へ」あるいは「最背面へ」で、一気に1番前あるいは1番後ろへ移動してしまいましょう。

移動したい図形を選択して、メニューバーからオブジェクト→重ね順→最前面へ（あるいは最背面へ）を選択します。これで、一気に1番前（あるいは1番後ろ）へ移動します。

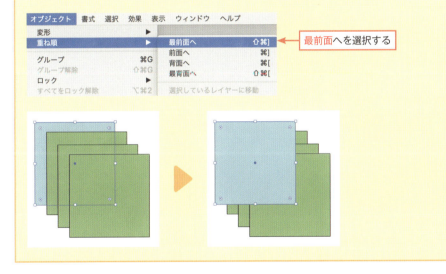

最前面へを選択する

### Tips レイヤーで重ね順を変更する

レイヤーの順番を入れ替えることで、図形の重ね順を変えることも可能です。レイヤーの重ね順を変える場合には、「レイヤー」パネル上で各レイヤーをドラッグして順番を入れ替えます。上にあるレイヤーほど、手前に表示されます。レイヤーの移動については、第7章で詳しく解説します（124ページ）。

ドラッグで移動する

# Lesson 09

## 線や図形を整列する

sample_4-9.ai

作成した線や図形は、「整列」を使うことでキレイに並べることができます。縦や横に並べるのはもちろん、上下左右を基準に並べることも可能です。バラバラに描いていた図やイラストなどを、きちんと並べたいときに使いましょう。

1 サンプルを開きます

### 1 サンプルを開く

Illustratorを開き、メニューバーからファイル→開くを選択して、サンプルのドキュメントを開きます❶。
サンプルでは、アートボード上に四角形が4つ描かれています。

sample_4-9.ai

2 選択ツールを選択します

### 2 図形を選択

ツールバーから選択ツールを選択して❷、整列する図形をすべて選択します❸。

3 四角形を選択します

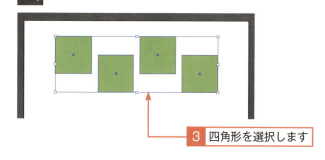

4 整列を選択します

### 3 「整列」パネルを表示

メニューバーからウィンドウ→整列を選択して❹、「整列」パネルを表示します。

第4章 線や図形を変更する

## 4 整列の種類を選択

「整列」パネルで整列の種類を選びます。ここでは垂直方向中央に整列を選択しています ⑤。

⑤ 垂直方向中央に整列を選択します

## 5 完成

図形が整列されます。

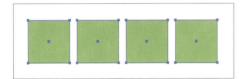

4-09 線や図形を整列する

▼整列の種類

| 整列の種類 | 説明 |
| --- | --- |
| 水平方向左に整列 | 左を基準にして、水平方向に1列で並べます。 |
| 水平方向中央に整列 | 中央を基準にして、水平方向に1列で並べます。 |
| 水平方向右に整列 | 右を基準にして、水平方向に1列で並べます。 |
| 垂直方向上に整列 | 上を基準にして、垂直方向に1列で並べます。 |
| 垂直方向中央に整列 | 中央を基準にして、垂直方向に1列で並べます。 |
| 垂直方向下に整列 | 下を基準にして、垂直方向に1列で並べます。 |

### ! Point

[shift]キーを押しながらクリック、あるいは選択する線や図形をすべて囲むようにドラッグすることで、複数の線や図形を同時に選択することができます。

### Tips 線や図形を動かす

線や図形を動かすには、「選択ツール」を選んでから、移動したい位置までドラッグします。
また、メニューバーからオブジェクト→変形→移動で表示される「移動」ダイアログで、線や図形を置く位置、移動したい距離、角度などを数値で入力して動かすこともできます。

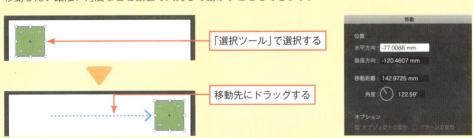

## ▶Lesson 10

# 線や図形に効果を付ける

sample_4-10.ai

図形や文字には、ぼかしや影などの効果を付けることができます。効果を付けると、文字や図形を目立たせたり、逆に控えめにしたりできるため、デザインの幅が広がります。初心者の方は、効果ギャラリーを活用すると便利です。

### 1 サンプルを開く

Illustratorを開き、メニューバーからファイル→開くを選択して、サンプルのドキュメントを開きます❶。
サンプルでは、アートボード上に四角形が描かれています。

sample_4-10.ai

### 2 図形を選択

ツールバーから選択ツールを選択して❷、効果を付けたい図形を選択します❸。

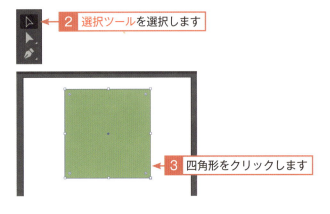

### 3 効果を選択

メニューバーから効果を選択します。ここでは効果→スタイライズ→ドロップシャドウを選択し❹、図形に影を付けています。

第4章　線や図形を変更する

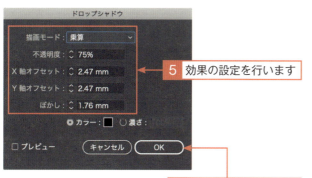

5 効果の設定を行います

6 OKをクリックします

## 4 効果を設定

「ドロップシャドウ」ダイアログで効果を設定し❺、OKをクリックします❻。

## 5 完成

図形に効果が付きます。

4-10 線や図形に効果を付ける

### Tips　効果ギャラリーを利用する

　Illustratorでは、ご紹介した「ドロップシャドウ」の他にも、テクスチャをかけたり、色鉛筆風にしたりといったさまざまな効果が用意されています。
　これらの効果は、メニューバーから効果→効果ギャラリーを選択すると表示される「効果ギャラリー」で、どのような効果をもたらすのかが簡単にわかります。ぜひ活用してください。

081

# Lesson 11

## 効果の付け方を調整する

sample_4-11.ai

影やぼかしなどの効果は、設定した後に調整することもできます。影の強さや色、位置などを後から変えたくなった場合に便利な機能です。調整はいくらでも可能なため、何度も調整しながら納得のいく状態にしていきましょう。

### 1 サンプルを開く

Illustratorを開き、メニューバーからファイル→開くを選択して、サンプルのドキュメントを開きます❶。

サンプルでは、アートボード上に描かれた四角形に効果（ドロップシャドウ）が設定されています。

sample_4-11.ai

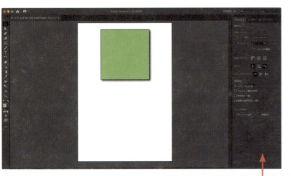

❶ サンプルを開きます

### 2 図形を選択する

ツールバーから選択ツールを選択して❷、効果を調整したい図形を選択します❸。

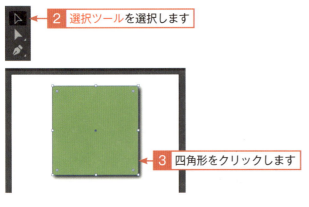

❷ 選択ツールを選択します

❸ 四角形をクリックします

### 3 「アピアランス」パネルを表示

メニューバーからウィンドウ→アピアランスを選択して❹、「アピアランス」パネルを表示します。

❹ アピアランスを選択します

第4章　線や図形を変更する

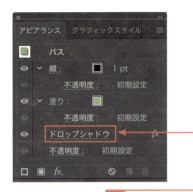

4 | 効果を選択

「アピアランス」パネルで効果（ここではドロップシャドウ）をクリックします❺。

5　ドロップシャドウをクリックします

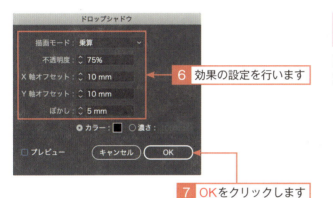

5 | 効果を設定

「ドロップシャドウ」ダイアログで効果を設定し❻、OKをクリックします❼。

6　効果の設定を行います

7　OKをクリックします

6 | 完成

効果が変更されます。

4-11 効果の付け方を調整する

---

Tips　効果の削除

文字や図形に付けた効果は、削除することも可能です。削除する際には、削除したい効果がある文字や図形を「選択ツール」で選択し、「アピアランス」パネルで効果の部分をクリックした後に、パネルのメニューから項目を削除を選ぶか、右下の選択した項目を削除 🗑 をクリックすると、効果を削除できます。

083

# Lesson 12

## 離れた線を繋げる

sample_4-12.ai

離れた線を繋げたり、開いたままのパスを閉じる場合には、ペンツールを使います。もともと離れていた線を1つにしたいと思ったときや、ブラシツールなどで描いたときにパスがうまく繋がらなかった場合などに便利です。

1 サンプルを開きます

### 1 サンプルを開く

Illustratorを開き、メニューバーからファイル→開くを選択して、サンプルのドキュメントを開きます❶。
サンプルでは、アートボード上に途中で途切れた線が描かれています。
sample_4-12.ai

2 ペンツールを選択します

### 2 「ペンツール」を選択

ツールバーからペンツールを選択します❷。

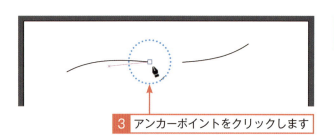

3 アンカーポイントをクリックします

### 3 接続元をクリック

接続する線のアンカーポイントをクリックします❸。

第4章　線や図形を変更する

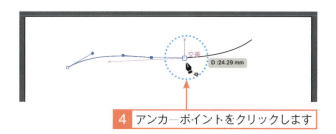

## 4 接続先をクリック

接続先のアンカーポイントをクリックします❹。

4 アンカーポイントをクリックします

## 5 完成

線が繋がります。

4-12 離れた線を繋げる

### Tips　開いたパスを閉じる

開いたパス（オープンパス）とは、パスの始点と終点が同じ位置ではない線のことを言います。開いたパスも、ペンツールを使ってアンカーポイントをクリックすることで繋げる（閉じる）ことができます。

接続元のアンカーポイントをクリックする

接続先のアンカーポイントをクリックする

### Tips　連結ツールで線を繋げる

線を繋げる場合には「連結ツール」が便利です。使い方は、ツールバーから連結ツールを選択し、繋げたい線同士の間をドラッグするだけです。「連結ツール」は、ツールバーを「詳細設定」に切り替えることで利用できます（13ページ）。

ペンツールの場合は繋げることしかできませんが、連結ツールの場合、重なっている線同士を1つの線として繋げることも可能です。重なっている線同士を1つの線として繋げたい場合には、重なっている部分をなぞるようにドラッグすることで、1つの線にできます。

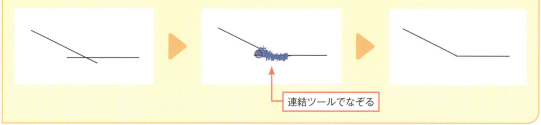

連結ツールでなぞる

085

# Lesson 13

## 図形を合体させる

sample_4-13.ai

パスファインダーを利用すると、図形を合体させたり、型抜きができたりします。四角形や円などを組み合わせて複雑な形を作る際に便利です。パスファインダーにはさまざまな種類があるため、慣れるまではいろいろと試してみるとよいでしょう。

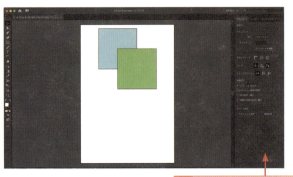

1 サンプルを開きます

### 1 サンプルを開く

Illustratorを開き、メニューバーからファイル→開くを選択して、サンプルのドキュメントを開きます❶。
サンプルでは、アートボード上に重なった状態で2つの四角形が描かれています。

sample_4-13.ai

2 選択ツールを選択します

3 四角形を選択します

### 2 図形を選択

ツールバーから選択ツールを選択して❷、合体させる図形をすべて選択します❸。

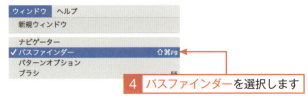

4 パスファインダーを選択します

### 3 「パスファインダー」パネルを表示

メニューバーからウィンドウ→パスファインダーを選択して❹、「パスファイダー」パネルを表示します。

086

第4章　線や図形を変更する

5　合体の方法を選択します

## 4 合体の方法を選択

「パスファインダー」パネルで、形状モードやパスファインダーを選択します。
ここでは「中マド」を選択しています。

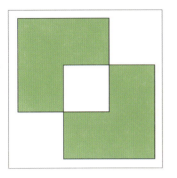

## 5 完成

指定した方法で合体します。

▼合体の方法

| 合体 | 選択したオブジェクトを、1つに合体させます。 |
|---|---|
| 前面オブジェクトで型抜き | 前面にあるオブジェクトの形で、背面にあるオブジェクトを型抜きします。 |
| 交差 | オブジェクトの交差する部分を残します。 |
| 中マド | オブジェクトが重なった場所を残します。 |
| 分割 | 交差する境界線でオブジェクトをカットします。 |
| 刈り込み | 前面にあるオブジェクトで、背面のオブジェクトを型抜きします。 |
| 合流 | 色の同じ部分は合体し、別の部分はカットして分割されます。 |
| 切り抜き | 前面にあるオブジェクトが、背面の形で切り抜きされます。 |
| アウトライン | オブジェクトをアウトラインにして分割します。 |
| 背面オブジェクトで型抜き | 背面のオブジェクトの形で、前面のオブジェクトがくり抜かれます。 |

> **！ Point**
>
> shift キーを押しながらクリック、あるいは選択する線や図形をすべて囲むようにドラッグすることで、複数の線や図形を同時に選択することができます。
> 合体後の図形の色は、手前にあった図形の色が適用されます。

> **Tips　スマートガイドでアンカーポイントとハンドルが簡単にわかる**
>
> 　アンカーポイントやハンドルは、なかなか目的の部分を選択できない場合があります。これを解決するには「スマートガイド」をオンにしておきます。
> 　スマートガイドをオンにすると、アンカーポイントの上にカーソルが乗っていれば「アンカー」と表示されるため、どこでクリックすれば目的のアンカーポイントが操作できるのかわかります。
> 　スマートガイドは、メニューバーの表示→スマートガイドを選択してチェックを入れることでオンにできます。

4-13　図形を合体させる

# ▶Lesson 14

## 線や図形を分割する

sample_4-14.ai

Illustratorでは、繋げるだけでなく、線や図形を分割することもできます。線や図形を分割する際には、「消しゴム」「はさみ」が便利です。図形を分割したい場合や、図形をカットして別の形に変形させたい場合などに利用しましょう。

### 1 サンプルを開く

Illustratorを開き、メニューバーからファイル→開くを選択して、サンプルのドキュメントを開きます❶。
サンプルでは、アートボード上に四角形が描かれています。

sample_4-14.ai

1 サンプルを開きます

### 2 「消しゴムツール」を選択

ツールバーから消しゴムツールを選択します❷。

2 消しゴムツールを選択します

### 3 分割位置をドラッグ

分割したい箇所をなぞるようにドラッグします❸。

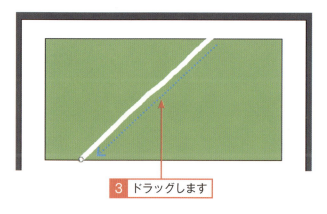

3 ドラッグします

第4章 線や図形を変更する

| 4 | 完成 |

なぞった部分で図形が分割されます。

## ■「はさみ」で分割する

「はさみツール」を使って図形を分割することができます。はさみは、カットする始点と終点を指定し、その点を繋いでカットするツールです。

1 はさみツールを選択します

| 1 | 「はさみツール」を選択 |

ツールバーから はさみツール を選択します ❶。

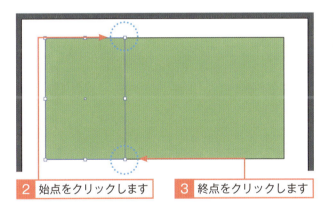

2 始点をクリックします　　3 終点をクリックします

| 2 | 始点と終点をクリック |

パス上のカットしたい部分の始点をクリックし❷、続けて終点をクリックします❸。

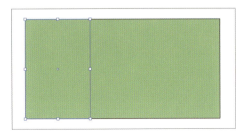

| 3 | 完成 |

始点と終点を繋げた線で図形が分割されます。

 Point

はさみツールでは、始点と終点は図形の線（パス）の上をクリックしてください。

## Tips 消しゴム・はさみ・ナイフの違い

　分割をするツールには、「はさみ」と「消しゴム」の他に「ナイフ」もあります。ナイフはツールバーを「詳細設定」にすることで使用できます（13ページ）。これらはいずれも分割ができるツールですが、それぞれ分割の仕方に違いがあります。
　「消しゴム」は、分割元と分割部分の間が、消しゴムのラインで仕切られます。
　「はさみ」は、点を元にカットします。パスはオープパスになります。
　「ナイフ」は、分割元と分割部分の間にラインができません。パスはクローズパスになります。

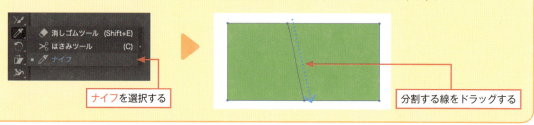

## Tips グループで線や図形をまとめる

　複数の線や図形（オブジェクト）を組み合わせてイラストなどを作っているときなど、オブジェクトが増えてくると、複数のオブジェクトを上手く選択できなかったり、移動が面倒になったりすることがあります。その場合は、オブジェクトを「グループ」としてまとめてしまいましょう。
　選択ツールで、グループにしたいオブジェクトを全て選択します。[shift]キーを押しながらクリック、あるいは選択する線や図形をすべて囲むようにドラッグすることで、複数の線や図形を同時に選択することができます。
　メニューバーからオブジェクト→グループを選択すると、オブジェクトが1つのグループとしてまとめられます。グループを解除する場合は、グループ化したオブジェクトを選択して、メニューバーからオブジェクト→グループ解除を選択します。

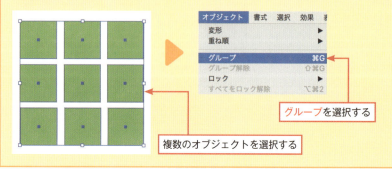

# 第5章

# 文字を
# 入力・編集する

Illustratorでチラシなどを作る際には、文字の入力が必要になります。文字を入れて情報を表示するのは、チラシやポスターを作成する際には基本中の基本と言えるでしょう。この章では、文字の入れ方はもちろん、修正の仕方、サイズやフォントの変更、縦書き・横書きの仕方などについて学んでいきましょう。

# ▶Lesson 01

sample_5-1.ai

# 文字ツールで文字を入力する

文字を入力するには「文字ツール」を使います。文字は、チラシやポスターにタイトルや情報を盛り込みたい場合に必要となる要素です。文字は表示するだけでなく、フォントやサイズも自由に設定できますが、まずは基本の文字の入れ方を覚えましょう。

## 1 ドキュメントを作成

Illustratorを開き、メニューバーからファイル→新規を選択してドキュメントを作成します❶。

## 2 「文字ツール」を選択

ツールバーから文字ツールを選択します❷。

## 3 入力位置をクリック

文字を入れたい場所をクリックします❸。

## 4 文字を入力

キーボードから文字を入力します❹。
sample_5-1.ai

## ■ コピー&ペーストで文字を入力する

資料などからコピーしてきた文字を入れるには、文字ツールでコピー&ペーストを使用すると便利です。さらに、ショートカットキーを活用することで、作業時間も短縮できます。

### 1 入力位置をクリック

ツールバーから文字ツールを選択して、文字を入れたい場所をクリックします❶。

### 2 「ペースト」を選択

メニューバーから編集→ペーストを選択します❷。
入力する文字は事前にクリップボードにコピーしておいてください。

### 3 完成

クリックボードにコピーされた文字が入力されます。

> **! Point**
> 文字ツールで入力位置をクリックすると例文が表示されます。例文は不要なので delete キーなどで削除しましょう。

### Tips ショートカットキーでコピー&ペーストする

　Illustratorでは、いくつかの機能にショートカットキーが設定されています。ショートカットキーとは、一定のキーを同時に押すことで、メニューにある機能を行えるというものです。使いこなせれば、作業効率のアップにつながります。
　コピーのショートカットキーは command + C キーです（Windowsの場合は ctrl + C キー）。ペーストのショートカットキーは command + V キー（Windowsの場合は ctrl + V キー）です。
　コピー&ペーストは使用頻度も高いため、覚えておくと作業のスピードが一気にアップするでしょう。ペーストには、他にもショートカットキーが設定されているので、余裕があれば頭に入れておくと便利です。ショートカットキーについては、メニューバーから編集→キーボードショートカットを選択することで確認できます。

▶ Lesson

# 02

sample_5-2.ai

## フォントを変更する

入力した文字のフォントを変えることができます。基本的にパソコンにインストールされているフォントをすべて設定することができます。作りたいものの雰囲気によって、さまざまなフォントを使い分けていきましょう。

### 1 サンプルを開く

Illustratorを開き、メニューバーからファイル→開くを選択して、サンプルのドキュメントを開きます❶。
サンプルでは、アートボード上に文字が入力されています。

sample_5-2.ai

### 2 「文字ツール」を選択

ツールバーから文字ツールを選択します❷。

### 3 文字を選択

フォントを変更したい文字を選択します❸。

### 4 フォントを指定

メニューバーから書式→フォントを選択して表示されるリストから、設定するフォントを指定します❹。

# Illustrator

**5 完成**

フォントが変更されました。

> **! Point**
> 文字の選択は「選択ツール」あるいは「文字ツール」で行います。文字全体のフォントを変更する場合は「選択ツール」が便利です。一部の文字を変更する場合は「文字ツール」で変更したい部分のみをドラッグして選択します。

## Tips フォントの設定方法

フォントはメニューバーから変更する意外にも、いくつかの設定方法が用意されています。

文字を選択すると、画面右側に表示される「プロパティ」パネルの「文字」欄に現在のフォントが表示されます。フォント名の右側の ▽ をクリックすると一覧が表示されるので、そこから設定するフォントを選択します。

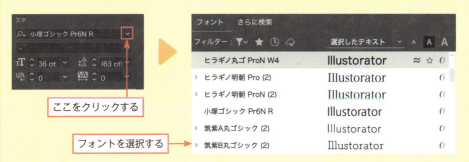

また、文字を選択した後に右クリックをすると、書式のメニューが表示されます。そこでフォントを選択しても変更できます。

## Tips 文字の色を変更する

文字の色を変える場合には、文字を選択し、「カラー」パネルで色を指定します。また、一部の文字のみ色を変えたい場合は、「文字ツール」で変えたい文字だけをドラッグ・選択してから、「カラー」パネルで色を指定します。「カラー」パネルは、メニューバーからウィンドウ→カラーを選択して表示します。

# Lesson 03

## 文字の大きさを変更する

sample_5-3.ai

入力した文字は大きさを自由に変更できます。文字の大きさを数字で指定する他に、感覚的にドラッグで大きさを変更することも可能です。チラシやポスターを作る際には、文字を大きくしたり小さくしたりすることで、見せる情報のバランスを取ることができます。

### 1 サンプルを開く

Illustratorを開き、メニューバーからファイル→開くを選択して、サンプルのドキュメントを開きます❶。
サンプルでは、アートボード上に文字が入力されています。

sample_5-3.ai

1 サンプルを開きます

### 2 「文字ツール」を選択

ツールバーから文字ツールを選択します❷。

2 文字ツールを選択します

### 3 文字を選択

フォントを変更したい文字を選択します❸。

3 文字を選択します

### 4 サイズを指定

メニューバーから書式→サイズを選択して表示されるリストから、文字のサイズを指定します❹。

4 サイズを指定します

第5章 文字を入力・編集する

# Illustrator

**5 完成**

サイズが変更されました。

> **Point**
> 文字の選択は「選択ツール」あるいは「文字ツール」で行います。文字全体のフォントを変更する場合は「選択ツール」が便利です。一部の文字を変更する場合は「文字ツール」で変更したい部分のみをドラッグして選択します。

## Tips サイズの設定方法

文字の大きさはメニューバーから変更する意外にも、いくつかの設定方法が用意されています。

文字を選択すると、画面右側に表示される「プロパティ」パネルの「文字」欄に現在の文字の大きさが表示されます。サイズを直接入力するか、▽ をクリックすると表示されるリストから選択します。 をクリックして、1つずつ上下させることもできます。

サイズを指定する

また、文字を選択した後に右クリックをすると、書式のメニューが表示されます。そこでサイズを選択しても変更できます。

サイズを選択して文字の大きさを指定する

さらに、「選択ツール」で文字を選択すると表示されるポイントをドラッグして、自由なサイズに変更できます。感覚的に変更できるため、デザインをする場合に便利です。

ポイントをドラッグする

5-03 文字の大きさを変更する

097

## Lesson 04

# 入力した文字を修正する

sample_5-4.ai

入力した文字は、「文字ツール」で簡単に修正が可能です。入力する文字を間違えてしまった場合や、後から入力した文字を変更したいときなどに利用しましょう。また、「選択ツール」や「ダイレクト選択ツール」でも文字の修正が可能です。

1 サンプルを開きます

### 1 サンプルを開く

Illustratorを開き、メニューバーからファイル→開くを選択して、サンプルのドキュメントを開きます❶。
サンプルでは、アートボード上に文字が入力されています。

sample_5-4.ai

2 文字ツールを選択します

### 2 「文字ツール」を選択

ツールバーから文字ツールを選択します❷。

3 文字を選択します

### 3 文字を選択

修正したい文字にカーソルを合わせて、ドラッグで選択します❸。

4 文字を修正します

### 4 文字を修正

文字を編集できるようになるので、キーボードなどから文字を修正します❹。

第5章 文字を入力・編集する

## Tips 文字を縦組みにする

　Illustratorでは、文字を縦書きから横書きへ、横書きから縦書きに変えることができます。最初から組み方向を指定することもできますが、後から組み方向を変えることも可能です。

　組み方向を変えるには、組み方向を変更する文字を選択し、メニューバーから書式→組み方向→縦組みを選択します（あるいは横組みを選択します）。

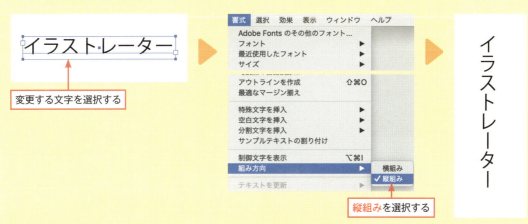

　通常の文字ツールは横書きです。Illustratorでは縦書き用の「文字（縦）ツール」があり、これを使えば、最初から文字を縦書きにできます。

　最初から縦書きの文字を入力するには、ツールバーから文字（縦）ツールを選択し、あとは通常の文字ツールと同様に入力します。

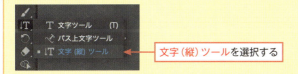

## Tips ダブルクリックで文字を選択する

　文字の修正を行うときは、「文字ツール」に切り替えて文字を選択します。「選択ツール」で文字をダブルクリックすると、自動的に文字ツールに切り替わって、文字を選択できるようになります。「ダイレクト選択ツール」でも、同様にダブルクリックで文字を選択できます。

5-04 入力した文字を修正する

## Lesson 05

sample_5-5.ai

# エリア内に文字を入れる

エリアを指定して、そのエリア内だけに文字を入れることも可能です。文字入れのスペースが限られている場合や、一定の形の中に収めたい場合に使える方法です。エリアは円や四角など、さまざまな形が利用できます。

### 1 ドキュメントを作成

Illustratorを開き、メニューバーからファイル→新規を選択してドキュメントを作成します❶。

### 2 エリアを作成

図形などで、文字を入れるエリアを作ります。ここでは、ツールバーから楕円形ツールを選択して❷、円を描きます❸。

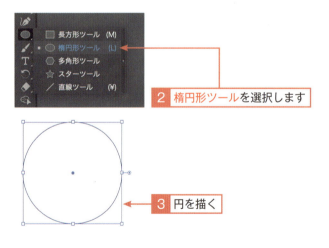

### 3 「文字ツール」を選択

ツールバーから文字ツールを選択します❹。

第5章 文字を入力・編集する

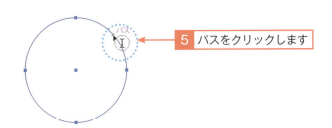

4 エリアを選択

文字を入れるエリアのパスをクリックします❺。文字が入力可能になります。

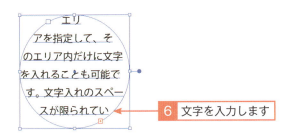

5 文字を入力

文字を入力します❻。

6 完成

エリアの形に合わせて文字が配置されます。
sample_5-5.ai

5-05 エリア内に文字を入れる

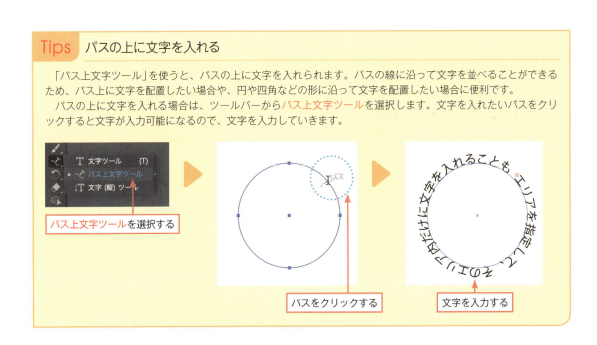

## Tips パスの上に文字を入れる

「パス上文字ツール」を使うと、パスの上に文字を入れられます。パスの線に沿って文字を並べることができるため、パス上に文字を配置したい場合や、円や四角などの形に沿って文字を配置したい場合に便利です。

パスの上に文字を入れる場合は、ツールバーからパス上文字ツールを選択します。文字を入れたいパスをクリックすると文字が入力可能になるので、文字を入力していきます。

101

▶ Lesson

# 06

sample_5-6.ai

# アウトラインを作成する

入力した文字を別のパソコンでも同じように表示するためには、アウトラインを作成する必要があります。アウトラインを作成しないと、別のパソコンで見た場合に、文字の表示が変わってしまう可能性があります。

## 1 サンプルを開く

Illustratorを開き、メニューバーからファイル→開くを選択して、サンプルのドキュメントを開きます❶。
サンプルでは、アートボード上に文字が入力されています。

sample_5-6.ai

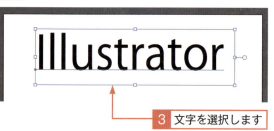

## 2 文字を選択

ツールバーから選択ツールを選択して❷、アウトライン化する文字を選択します❸。

## 3 アウトラインを作成

メニューバーから書式→アウトラインを作成を選択します❹。
これでアウトラインが作成されます。

102

## ■ アウトラインを確認する

文字のアウトラインを作成することができました。作成したアウトラインを確認してみましょう。アウトラインを確認するには、画面をアウトライン表示に切り替えます。

### 1 「アウトライン」を選択

メニューバーから表示→アウトラインを選択します❶。

1 アウトラインを選択します

### 2 アウトライン表示

画面の表示がアウトラインに切り替わります。

> **! Point**
> 確認が終わったら、メニューバーから表示→プレビューを選択して、元の表示（プレビュー表示）に戻しておきましょう。

### Tips アウトラインって何？

アウトラインとは、オブジェクトの外側のラインのことを言います。線や図形などのオブジェクトはアウトラインがあるのですが、文字は「オブジェクト」ではなく「フォント」として認識されているため、文字を入力したままではアウトラインがありません。ちなみに図形などのオブジェクトは「塗り」と「線」で構成されていますが、線の外側の形がアウトラインとなります。

下記の図は、アートボード上に図形と文字を入力して、アウトライン表示に切り替えた状態です。アウトライン表示への切り替えは、メニューバーから表示→アウトラインを選択します。

プレビュー表示　　　アウトライン表示

ご覧の通り、オブジェクトである円はアウトラインが表示されていますが、文字はプレビューと同じ表示になっています。つまり、このままの状態では、アウトラインがないということです。アウトラインを作成することによって、文字もオブジェクトになります。

なお、「ロックされた文字」「パターンの中に含まれている文字」「グラフの中の文字」はアウトラインを作れません。もしアウトラインが作れないという場合には、このような文字ではないかチェックしてみましょう。

## Tips　データを渡すときはアウトラインを作る

　データをどこかに出す、つまり別のパソコンで見る場合には、必ず文字のアウトラインを作成しましょう。なぜなら、相手方のパソコンに、作成したデータ内で使用しているフォントが入っていない可能性があるからです。文字情報のフォントそのものは、パソコンに依存しています。そのため、別のパソコンに同じフォントが入っていないと、フォントが置き換えられるなどして、正しく表示することができなくなってしまいます。
　アウトラインを作成するとオブジェクトと同じ、つまり円や四角形などの図形と同じ扱いになるため、相手方のパソコンにフォントが入っていなくても、正しく表示されます。
　ただし、一度アウトラインを作成すると、文字の編集ができなくなってしまいます。そのため、文字のアウトライン作成は、もう編集する可能性がない場合に行うか、アウトラインを作成する前のデータを残しておくなどの対処をするとよいでしょう。

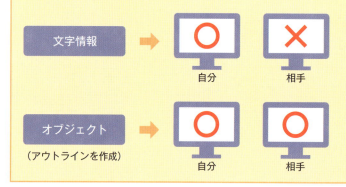

## Tips　すべてのフォントがアウトライン化できているかチェックする

　すべてのフォントがアウトライン化されているかは「ドキュメント情報」パネルで確認できます。
　メニューバーからウィンドウ→ドキュメント情報を選択してパネルを開き、右上のメニューアイコン をクリックして選択内容のみのチェックを外し、フォントにチェックを入れます。
　この状態でフォントが「なし」と表示されれば、すべてのフォントがアウトライン化されています。

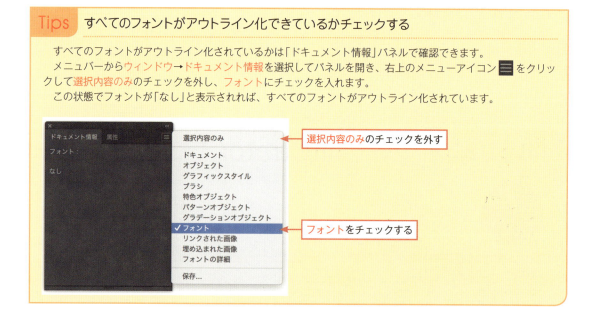

# 第6章

# 写真や画像を
# 加工する

チラシやポスターをデザインする際には、写真やイラストなどの画像を使うことも多いでしょう。写真や画像の複雑な加工はPhotoshopという別のツールの専売特許ですが、Illustratorでも簡単な加工や調整などは可能です。この章では、写真や画像の取り込みや、簡単な加工の方法を学んでいきましょう。

# Lesson 01

## 写真や画像を埋め込む

sample_6-1.ai
photo_chapter6.jpg

写真や画像をチラシなどに入れる場合には、画像を開き、それを使用したい場所に埋め込みます。もしくは、リンクにして挿入します。作成するチラシやポスターに写真や画像を使用したい場合には、この方法で写真や画像を入れていきましょう。

### 1 ドキュメントを作成

Illustratorを開き、メニューバーからファイル→新規を選択してドキュメントを作成します❶。

1 ドキュメントを作成します

### 2 「開く」を選択

メニューバーからファイル→開くを選択します❷。

2 開くを選択します

### 3 写真を選択

埋め込む写真を選択し❸、開くをクリックします❹。
photo_chapter6.jpg

3 写真を選択します

4 開くをクリックします

## 4 ドキュメントを選択

開いた写真のドキュメントを選択します❺。ドキュメントは、ドキュメントウィンドウ上のタブで選択します。

## 5 写真をコピー

「選択ツール」で写真を選択して❻、メニューバーから編集→コピーを選択します❼。

## 6 ドキュメントを選択

埋め込み先のドキュメントを選択します❽。

## 7 写真を埋め込む

メニューバーから編集→ペーストを選択して写真を埋め込みます❾。

## 8 完成

埋め込み先のドキュメントに写真が埋め込まれます。

## ■写真の大きさを調整する

埋め込んだ写真の大きさを変更する場合には、「選択ツール」で選択後、「プロパティ」パネルで写真の大きさを指定するか、四隅のポイントをドラッグします。

| 1 | 写真を選択 |

ツールバーから選択ツールを選択して❶、埋め込んだ写真を選択します❷。

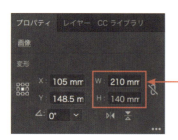

| 2 | サイズを設定 |

「プロパティ」パネルの「変形」欄で、W（幅）とH（高さ）を指定します❸。

| 3 | 完成 |

写真のサイズが調整されます。
sample_6-1.ai

> **! Point**
> サイズ調整が終わったら、「選択ツール」などで選択して、ドラッグで写真の位置を調整しましょう。

第6章　写真や画像を加工する

## Tips　ドラッグでサイズを変更する

「選択ツール」で写真を選択すると、写真の四隅に白い四角が表示されます。ここをドラッグして写真のサイズを変更することができます。shiftキーを押しながらドラッグすると、縦と横の比率を変えずにサイズ変更ができます。

ここをドラッグする

## Tips　リンクで写真を配置する

ここで記載した写真の配置方法は「埋め込み」と呼ばれ、画像データとIllustratorのデータを一体化してしまう方法です。しかし、一緒になった分、データが重くなる難点があります。データが重い場合には、画像を「リンク」で配置する方法がおすすめです。

リンクで写真を配置するには、メニューバーからファイル→配置を選択して、配置する写真を選びます。配置先をクリックで指定すると、そこに写真が配置されます。あとはサイズや位置を調整していきます。

配置を選択して写真を選ぶ

配置先をクリックで指定する

埋め込みをしてもデータが比較的軽い場合は、埋め込みでのデータ作成がおすすめです。画像のデータが重い場合にはリンクで配置をした方がよいのですが、リンク先である画像を別のフォルダなどに移動してしまうと、リンク切れとなって表示されなくなってしまうため、注意が必要です。

また、なるべく軽く動くように、データの作成中はリンクにしておき、データの作成が終わったら埋め込みにするという方法もあります。

6-01　写真や画像を埋め込む

# Lesson 02

sample_6-2.ai
photo_chapter6.jpg

# 写真や画像の一部分を切り抜く

画像の一部のみを使いたい場合には、画像の切り抜きを使うと便利です。画像の切り抜きでは、写真や画像の使いたい部分だけを四角で囲んで切り取ることができます。画像の必要な部分だけ使いたい場合などに利用しましょう。

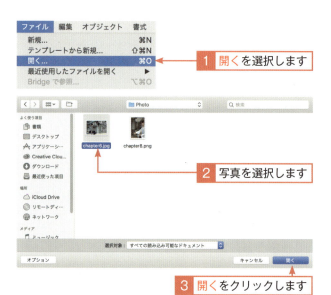

## 1 写真を開く

Illustratorを開き、メニューバーからファイル→開くを選択します❷。
画像ファイルを選択して、OKをクリックします❸。

photo_chapter6.jpg

## 2 写真を選択

ツールバーから選択ツールを選択して❹、開いた写真を選択します❺。

110

## 3 「画像の切り抜き」を選択

メニューバーからオブジェクト→画像の切り抜きを選択します❻。

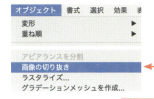

❻ 画像の切り抜きを選択します

## 4 切り抜き範囲を調整

ドラッグで切り抜きたい範囲を調整し❼、enterキーを押します❽。

❼ ドラッグします

❽ enterキーを押します

## 5 完成

写真が切り抜かれます。
sample_6-2.ai

6-02 写真や画像の一部分を切り抜く

---

### Tips 形に合わせて写真や画像を切り抜く

クリッピングマスクを使うと、上に重なった図形の形で写真や画像を切り抜くことができます。

クリッピングマスクを使うには、写真の上に切り抜きたい形のオブジェクト（図形）を重ねます。写真や画像とオブジェクトを同時に選択した状態で、メニューバーからオブジェクト→クリッピングマスク→作成を選択します。これで、画像がオブジェクトの形状に切り抜かれます。

クリッピングマスクで画像を切り抜いた場合、切り抜いた外側の画像は見えなくなっているだけで、そのまま残っています。そのため、切り抜いた部分の形を変えると、隠れている部分がその形に合わせて出てきます。

# Lesson 03

sample_6-3.ai
photo_chapter6.jpg

## 写真や画像をモノクロにする

Illustratorでは、写真や画像をモノクロにしたりカラー調整をしたりすることも可能です。写真の色味を変えたいときや色を統一したいとき、印刷をグレースケールで行いたい場合などに、このやり方を覚えておくとよいでしょう。

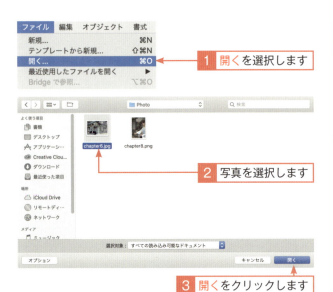

### 1 写真を開く

Illustratorを開き、メニューバーからファイル→開くを選択します❷。
画像ファイルを選択して、OKをクリックします❸。

photo_chapter6.jpg

### 2 写真を選択

ツールバーから選択ツールを選択して❹、開いた写真を選択します❺。

| 第6章 | 写真や画像を加工する |

### 3 「グレースケールに変換」を選択

メニューバーから編集→カラーを編集→グレースケールに変換を選択します❻。

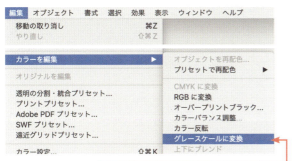

❻ グレースケールに変換を選択します

### 4 完成

画像がモノクロになります。
sample_6-3.ai

---

#### Tips モノクロ以外に調整する

Illustratorでは、モノクロ以外のカラー調整も可能です。

メニューバーから編集→カラーを編集→カラーバランス調整で表示される「カラー調整」ダイアログで、画像全体の色味の調整ができます。編集→カラーを編集→カラー反転を選択すると、写真のネガのような画像になります。色の調整についての詳細は、114ページから解説します。

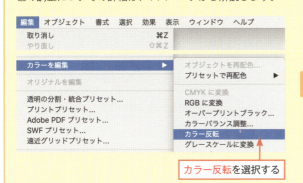

カラー反転を選択する

6-03 写真や画像をモノクロにする

▶ Lesson
## 04

sample_6-4.ai
photo_chapter6.jpg

# 写真や画像の色を調整する

カラーバランス調整で、写真や画像の色を変化させることができます。色を調整することで写真や画像の印象が大きく変わってきます。写真をチラシの雰囲気に合わせたい場合などに便利です。また、写真や画像だけでなく、オブジェクトの色も調整できます。

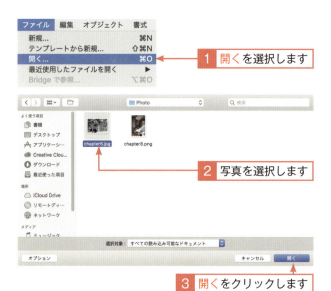

## 1 写真を開く

Illustratorを開き、メニューバーからファイル→開くを選択します❷。
画像ファイルを選択して、OKをクリックします❸。

photo_chapter6.jpg

## 2 写真を選択

ツールバーから選択ツールを選択して❹、開いた写真を選択します❺。

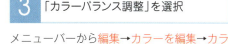

## 3 「カラーバランス調整」を選択

メニューバーから編集→カラーを編集→カラーバランス調整を選択します❻。

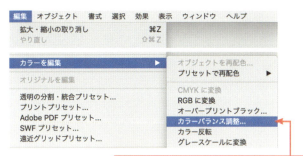

❻ カラーバランス調整を選択します

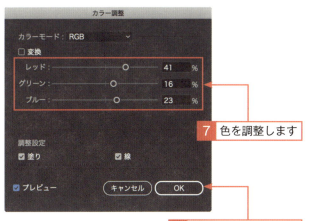

7 色を調整します

8 OKをクリックします

## 4 色を調整

「カラー調整」ダイアログで色を調整し❼、OKをクリックします❽。
パーセンテージが100％に近づくほど、その色味が強くなります。

## 5 完成

色が調整されます。

`sample_6-4.ai`

> **Point**
> カラーバランスの調整ができるのは写真や画像だけではありません。線や図形などのオブジェクトでも同じような手順でカラー調整ができます。
> 「カラー編集」ダイアログでプレビューにチェックを入れると、画面上で確認しながら色の調整ができます。

▶Lesson

# 05

sample_6-5.ai
photo_chapter6.jpg

# オブジェクトに変換する

ドキュメントに取り込んだ写真や画像は基本的にラスタ画像です。そのため、解像度が足りていないとドットが見えることがあります。写真や画像をトレースしてオブジェクトにすることで、図形などと同様に自由なサイズで利用可能になります。

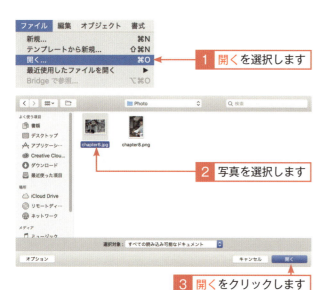

## 1 写真を開く

Illustratorを開き、メニューバーからファイル→開くを選択します❷。
画像ファイルを選択して、OKをクリックします❸。

sample_6-5.ai

## 2 写真を選択

ツールバーから選択ツールを選択して❹、開いた写真を選択します❺。

## 3 「画像トレース」パネルを表示

メニューバーからウィンドウ→画像トレースを選択して❻、「画像トレース」パネルを表示します。

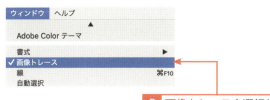

❻ 画像トレースを選択します

## 4 トレースの実行

「画像トレース」パネルでトレースの設定を行い❼、トレースをクリックします❽。

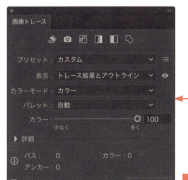

❼ 設定を行います

❽ トレースをクリックします

## 5 完成

トレースが実行され、写真がオブジェクトに変換されます。

> **Point**
> ここでは「画像トレース」パネルで、表示を「トレース結果とアウトライン」、カラーモードを「カラー」、パレットを「自動」、カラーを「100」に設定しています。

▼ トレースの設定

| | |
|---|---|
| プリセット | プリセットを選択できます。 |
| 表示 | トレース後の結果の表示方法を選択できます。 |
| カラーモード | トレース後のカラーモードを選択できます。 |
| パレット | パレットを選択できます。限定すると色の数を指定できます。 |
| カラー | カラーモードでカラーにした場合の、使う色の数を指定できます。 |

## Tips　トレースした写真や画像の使用方法

　トレースした写真や画像はベクタ画像になりますので、どんなに拡大してもドットが見えなくなります。画像を大きく使いたいときに便利です。

　また、トレースした画像はオブジェクトの集合でできています。メニューバーからオブジェクト→分割・拡張を選択することでオブジェクトをバラバラにすることができます。

　バラバラにしたオブジェクトは、「選択ツール」や「ダイレクト選択ツール」で選択して、形を変更したり、一部を削除したりすることも可能です。

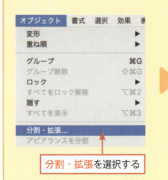

分割・拡張を選択する

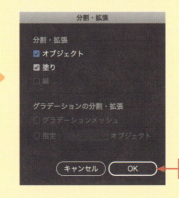

OKをクリックする

　オブジェクト化することで、線や塗りを自由に変更することができるようになります。写真を元にしたイラストを作ることも可能です。

分割されたオブジェクトを選択する

線と塗りの色を設定する

　トレースしたオブジェクトを写真に戻すには、トレースした写真を選択し、メニューバーからオブジェクト→画像トレース→解除を選択します。ただし、分割してしまうと元に戻せなくなるため、注意しましょう。

# 第7章

# レイヤーを使いこなす

レイヤーは1つの画像を構成する透明なフィルムのようなものです。Illustratorでは、レイヤーを重ね合わせて1つの画像を作っています。レイヤーを使いこなせば、編集しやすくなったり、作業を効率的に進めたりできるようになります。この章では、レイヤーの作り方やレイヤーの編集の方法などを学んでいきましょう。

▶Lesson

# 01

# 新規レイヤーを追加する

ドキュメントの作成初期の段階では、レイヤーは1枚のみです。しかし背景に使うレイヤー、文字に使うレイヤー、イラストを置いておくレイヤーなど、レイヤーを増やして分けながら作業を行うことで、作業がやりやすくなります。まずはレイヤーの基本的な作り方を学びましょう。

1 レイヤーを選択します

## 1 「レイヤー」パネルを表示

Illustratorを開いてドキュメントを新規作成し、メニューバーからウィンドウ→レイヤーを選択して❶、「レイヤー」パネルを表示します（通常は画面右側に表示されています）。

2 メニューアイコンをクリックします

3 新規レイヤーを選択します

## 2 「新規レイヤー」を選択

「レイヤー」パネルの右上にあるメニューアイコン ≡ をクリックして❷、新規レイヤーを選択します❸。

4 OKをクリックします

## 3 レイヤーを追加

「レイヤーオプション」ダイアログが表示されるので、必要があれば入力&チェックを入れ、OKを押します❹。

| 4 | 完成 |

新しいレイヤーが追加されます。

▼レイヤーオプションの設定項目

| 項目 | 説明 |
| --- | --- |
| 名前 | レイヤーの名前を入力します。 |
| カラー | オブジェクトを選択したときの表示カラーの色を選択します。レイヤーごとにカラーを分けておくと、どのレイヤーにあるオブジェクトなのかがすぐにわかって便利です。 |
| テンプレート | チェックを入れると、そのレイヤーがテンプレートになります。 |
| ロック | チェックを入れると、そのレイヤーがロックされて編集できなくなります。 |
| 表示 | チェックを入れると、レイヤーが表示されます。チェックを外すと表示されません。 |
| プリント | チェックを入れると、そのレイヤーが印刷時に印刷されます。チェックを外すと、そのレイヤーは印刷されません。 |
| プレビュー | チェックを入れると、プレビューで表示されます。チェックを外すと、そのレイヤーがアウトラインで表示されます。 |
| 画像の表示濃度 | チェックを入れて画像の表示濃度を入力すると、画像がその濃度になります。チェックを外した状態の場合、100%の濃度です。 |

## Tips レイヤーの名前を変更する

　レイヤー名は、新規で作成する際に名前を指定しないと「レイヤー○(数字)」という名前で表記されます。ただし、レイヤーの名前を途中で変更することもできます。
　「レイヤー」パネルのレイヤー名の部分をダブルクリックすると、名前が編集可能になります。そこに変更後の名前を入力します。
　レイヤーが多くなり、名前を付けておいた方がわかりやすい場合に活用しましょう。

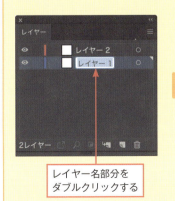

レイヤー名部分をダブルクリックする

変更後のレイヤー名を入力する

## ▶Lesson 02
# 既存のレイヤーを複製する

既存のレイヤーを複製して同じものを作ることができます。同じ図形をいくつも重ねたい場合や、元の画像をバックアップとして残したまま作業をしたい場合などに最適です。ここでは、レイヤーの複製についてご紹介します。

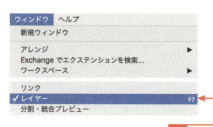

1 レイヤーを選択します

### 1 「レイヤー」パネルを表示

Illustratorを開いてドキュメントを新規作成し、メニューバーからウィンドウ→レイヤーを選択して❶、「レイヤー」パネルを表示します（通常は画面右側に表示されています）。

2 レイヤーを選択します

### 2 レイヤーを選択

「レイヤー」パネルで複製したいレイヤーを選択します❷。

3 メニューアイコンをクリックします

4 「レイヤー1」を複製を選択します

### 3 レイヤーを複製

「レイヤー」パネルの右上にあるメニューアイコン ≡ をクリックして❸、「レイヤー1」を複製を選択します❹。
「レイヤー1」の部分は、選択したレイヤーに合わせて変更されます。

第7章　レイヤーを使いこなす

| 4 | 完成 |

レイヤーが複製されます。

> **Point**
> 複製したレイヤーは「レイヤー1のコピー」などという名前になります。

### Tips　レイヤーの概念を理解しよう

　レイヤーは透明なフィルムのようなもので、これがどんどん上に重なっていって、1つの画像を作っています。
　例えば、背景の上に人物を重ねる場合には、「背景」レイヤーの上に「人物」レイヤーを配置します。さらにその上に文字を重ねる場合は、「文字」のレイヤーを作って配置するようにします。このようにして、1つの画像が作られていきます。

　アートボード上に図形や文字などを追加すると、その時に選択されているレイヤーの下にサブレイヤーが作成されます。図形や文字などは、それぞれのサブレイヤー上に配置されます。
　以下の例では、「文字」レイヤー上に文字を入力しています。「文字」レイヤーの下に「Illustrator」というサブレイヤーが追加されているのがわかります。

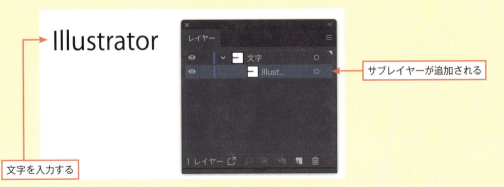

7-02　既存のレイヤーを複製する

# Lesson 03

## レイヤーの重ね順を変更する

sample_7-3.ai

レイヤーは重ね順を自由に変えられます。「レイヤー」パネル上で、上にあるものほど手前に、下にあるものほど後ろに表示されます。重ね順を変えることで、文字を手前に持ってきたり、図形用のレイヤーを後ろに持っていったりすることができます。

### 1 サンプルを開く

Illustratorを開き、メニューバーからファイル→開くを選択して、サンプルのドキュメントを開きます❶。
サンプルでは、「背景」と「文字」の2つのレイヤーが用意されています。

sample_7-3.ai

❶ サンプルを開きます

### 2 「レイヤー」パネルを表示

メニューバーからウィンドウ→レイヤーを選択して❷、「レイヤー」パネルを表示します（通常は画面右側に表示されています）。

❷ レイヤーを選択します

### 3 レイヤーを移動

「レイヤー」パネルで「背景」レイヤーを選択して❸、ドラッグで「文字」レイヤーの下に移動させます❹（もしくは「文字」レイヤーをドラッグして「背景」レイヤーの上に移動させます）。

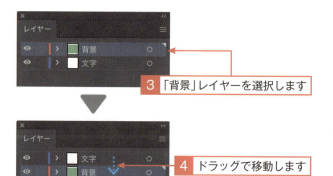

❸ 「背景」レイヤーを選択します

❹ ドラッグで移動します

第7章 レイヤーを使いこなす

4 完成

文字のレイヤーが背景の上になって、隠れていた文字が見えるようになりました。

## Tips　レイヤーを非表示にする

　レイヤーは自由に表示・非表示を切り替えられます。作業するレイヤー以外を非表示にすることで、作業がしやすくなります。
　レイヤーを非表示にするには、「レイヤー」パネルで目の形のアイコン 👁 をクリックします。
　なお、commandキー（Windowsの場合はctrlキー）を押しながら目の形のアイコン 👁 をクリックすると、アウトラインの表示に切り替わります。

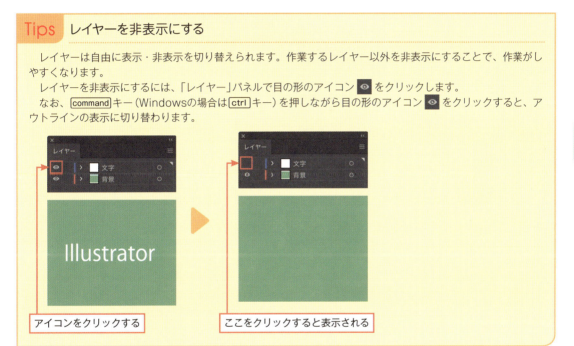

7-03 レイヤーの重ね順を変更する

## Tips　レイヤー内のオブジェクトをすべて選択する

　特定のレイヤー内のオブジェクトをすべて選択するには、選択を行うレイヤー以外はすべて非表示にした状態で、メニューバーから選択→すべてを選択を選択します。
　または、非表示にした後で、ツールバーで選択ツールをクリックし、選択したいオブジェクトすべてを囲むようにドラッグすることでも選択可能です。

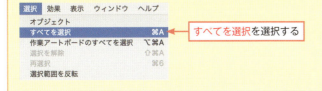

125

# Lesson 04

## レイヤーを結合する

sample_7-4.ai

分けて作業していたレイヤーは、結合して1つにまとめることも可能です。作業を進めてレイヤーが多くなってくると、管理がしにくくなります。レイヤーが増えた場合には、ある程度まとめて、管理をしやすくしましょう。

1 サンプルを開きます

### 1 サンプルを開く

Illustratorを開き、メニューバーから**ファイル→開く**を選択して、サンプルのドキュメントを開きます❶。

サンプルでは、「背景」の上に「長方形」と「楕円形」いう図形が描かれたレイヤーが用意されています。

sample_7-4.ai

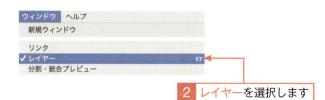

2 レイヤーを選択します

### 2 「レイヤー」パネルを表示

メニューバーから**ウィンドウ→レイヤー**を選択して❷、「レイヤー」パネルを表示します（通常は画面右側に表示されています）。

3 レイヤーを選択します

### 3 レイヤーを選択

結合したいレイヤーを複数選択します❸。commandキー（Windowsではctrlキー）を押しながら選択すると、複数選択できます。

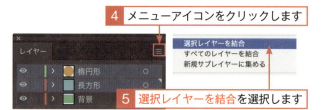

4 メニューアイコンをクリックします

5 選択レイヤーを結合を選択します

### 4 レイヤーを結合

「レイヤー」パネルの右上にあるメニューアイコン ▤ をクリックして❹、**選択レイヤーを結合**を選択します❺。

第7章 レイヤーを使いこなす

**5** 完成

レイヤーが結合されます。
レイヤー名などは、最後に選択したレイヤーのものが適用されます。

> **!Point**
> すべてのレイヤーを一気に統合することもできます。その場合には、手順❸でレイヤーを選択せずに、手順❺で**すべてのレイヤーを結合**を選択します。レイヤー名などは、1番上にあったレイヤーのものが適用されます。

### Tips 不要なレイヤーを削除する

　不要になったレイヤーは削除することもできます。レイヤーを削除する場合には、削除したいレイヤーを選択し、「レイヤー」パネルの右上にあるメニューアイコン をクリックして「○○」を削除を選択します（○○は選択したレイヤー名に合わせて変わります）。
　そのレイヤーにオブジェクトなどがある場合、警告メッセージが表示されます。はいをクリックすると、指定したレイヤーが削除されます。

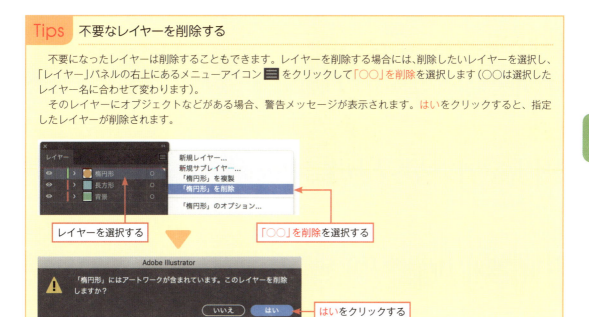

7-04 レイヤーを結合する

### Tips レイヤーのカラー

　新規レイヤーを作成する際、「レイヤーオプション」ダイアログで「カラー」を指定することができます（120ページ）。
　カラーは、アンカーポイントやハンドル、選択した時の範囲を示す線の色のことです。レイヤーごとに色分けをしておくと、今選択しているオブジェクトが、どのレイヤーのものかがひと目でわかって便利です。なおカラーは、「レイヤー」パネルのレイヤー名の左側にある縦線の色で確認できます。

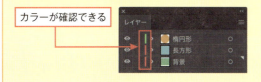

127

▶ Lesson
# 05

sample_7-5.ai

# レイヤーをロックする

編集をしたくないレイヤーがある場合、そのレイヤーをロックすることで編集ができなくなります。Illustratorでは、範囲などを選ぶ場合にレイヤーに関係なくオブジェクトが選択されるため、背景や文字など、一定のレイヤーを動かさずに作業したい場合に便利です。

1 サンプルを開きます

## 1 サンプルを開く

Illustratorを開き、メニューバーからファイル→開くを選択して、サンプルのドキュメントを開きます❶。
サンプルでは、「背景」と「文字」の2つのレイヤーが用意されています。

sample_7-5.ai

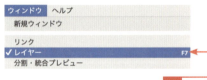
2 レイヤーを選択します

## 2 「レイヤー」パネルを表示

メニューバーからウィンドウ→レイヤーを選択して❷、「レイヤー」パネルを表示します（通常は画面右側に表示されています）。

3 レイヤーを選択します

## 3 レイヤーを選択

「レイヤー」パネルでロックしたいレイヤーを選択します❸。

4 メニューアイコンをクリックします
5 「○○」のオプションを選択します

## 4 オプションを選択

「レイヤー」パネルの右上にあるメニューアイコン をクリックして❹、「○○」のオプションを選択します❺（○○は選択したレイヤー名に合わせて変わります）。

第7章 レイヤーを使いこなす

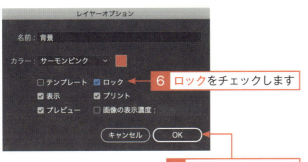

### 5 「ロック」をチェック

「レイヤーオプション」ダイアログでロックにチェックを入れて❻、OKをクリックします❼。

### 6 完成

レイヤーがロックされます。
ロックされたレイヤーは鍵の形のアイコン が表示されます。

> **❗ Point**
>
> 「レイヤーオプション」ダイアログは、「レイヤー」パネルでレイヤーをダブルクリックすることでも表示されます。
> ロックだけでなく、レイヤー名やカラー（127ページ）の再設定もここで行えます。
> ロックを解除する場合は、「レイヤーオプション」ダイアログでロックのチェックを外します。

### Tips クリックひとつでレイヤーをロックする

ロックは「レイヤー」パネルからクリックひとつで行うこともできます。目の形のアイコン の右側にある空間をクリックすると、鍵の形のアイコン が表示されてレイヤーがロックされます。
ロックを解除する場合は、鍵の形のアイコン をクリックします。

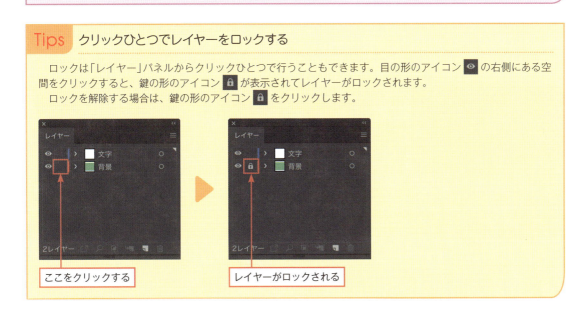

7-05 レイヤーをロックする

129

▶ Lesson
# 06

sample_7-6.ai

# レイヤーの不透明度を変更する

不透明度は「透明ではない度合」を示すパーセンテージです。レイヤーの不透明度を変えると、そのレイヤーを透かしたり、薄く見せたりすることができます。特定のレイヤー上にある文字やイラストなどを透過したいときに利用できます。

## 1 サンプルを開く

Illustratorを開き、メニューバーからファイル→開くを選択して、サンプルのドキュメントを開きます❶。
サンプルでは、「背景」と「文字」の2つのレイヤーが用意されています。

sample_7-6.ai

## 2 「レイヤー」パネルを表示

メニューバーからウィンドウ→レイヤーを選択して❷、「レイヤー」パネルを表示します（通常は画面右側に表示されています）。

## 3 レイヤーを選択

「レイヤー」パネルで、不透明度を変えたいレイヤーの右部にある「○」をクリックして「◎」に変えます❸。

## 4 「アピアランス」パネルを表示

メニューバーからウィンドウ→アピアランスを選択して❹、「アピアランス」パネルを表示します。

第7章 レイヤーを使いこなす

## 5 不透明度を設定

5 不透明度をクリックします

6 不透明度を入力します

「アピアランス」パネルで不透明度をクリックし❺、不透明度を入力します❻。
不透明度は0%に近付くほど、薄く(透明に)なります。

## 6 完成

レイヤーの不透明度が変更されます。

> **Point**
> 不透明度を入力後に、enterキーを押すか、ダイアログ以外の部分をクリックすることで値が確定します。

### Tips 「プロパティ」パネルで不透明度を変える

不透明度は、「プロパティ」パネルの「アピアランス」欄でも設定できます。手順❸でレイヤーの「○」を「◎」に変えた後、「プロパティ」パネルの「アピアランス」の不透明度に数字を入力するか、プルダウンで出てくるつまみを動かして不透明度を調整します。
「プロパティ」パネルはデフォルトで表示されていますが、もし表示されていない場合には、メニューバーからウィンドウ→プロパティを選択して表示してください。

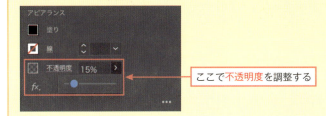

ここで不透明度を調整する

7-06 レイヤーの不透明度を変更する

## Tips 使いこなすと便利なアピアランス

アピアランスとは、オブジェクトの見た目を表記したものです。オブジェクトの塗りや線の色、不透明度、効果など、そのオブジェクトの見た目を作っているさまざまなものが記されています。アピアランスの便利なところは、後からいくらでも変更ができる点です。例えば、円を描いて、後からその円の色や線の太さなどを変更したいと思ったときなどに、アピアランスが活躍します。

アートボード上で変更したいオブジェクトを選択して、「アピアランス」パネルで色や線の太さを指定すると、その通りに変更できます。使いこなすとオブジェクトを自在に操ることが可能です。

 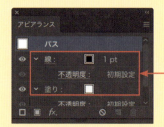

線や塗りを変更する

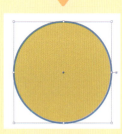 

130ページでは、レイヤー全体を指定して不透明度を変更しました。サブレイヤーを指定すれば、レイヤー内の特定のオブジェクトだけを透明にすることもできます。

「レイヤー」パネルでレイヤー名に左にある 〉 をクリックすると、サブレイヤーを表示することができます。不透明度を設定したいサブレイヤーの「○」をクリックして「◎」に変更して、「アピアランス」パネルで不透明度など設定します（もしくは「プロパティ」パネルの「アピアランス」欄で設定します）。

なお、「アピアランス」パネルの項目は、設定対象に応じて表示が変化します。

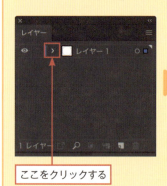 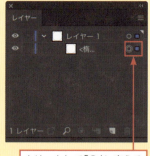 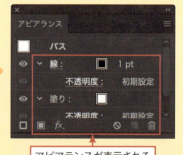

ここをクリックする　　クリックして「◎」に変える　　アピアランスが表示される

# 第8章

# チラシを
# 作ってみよう

Illustratorは、チラシやポスターなどのデザインに向いたツールです。ここからは、これまでにご紹介した内容を使って実際にチラシを作ってみます。実際に作ってみることで、ツールの使い方や流れ、応用の仕方も理解しやすくなるでしょう。基本的な作り方がわかれば、後はツールの応用次第でさまざまなデザインを作れます。

▶ Lesson

# 01

sample_チラシ.ai
photo_chapter8.jpg

# ドキュメントを作成する

まずは、チラシの元となるドキュメントを作成します。今回は最も一般的なA4（縦）サイズのチラシを作るので、A4サイズ（縦）のアートボードを持ったドキュメントを作成しましょう。印刷所などに印刷を頼む場合には裁ち落としも必要になるため、裁ち落としも設定します。

1 「新規」を選択します

## 1 「新規」を選択

Illustratorを開き、メニューバーからファイル→新規を選択します❶。

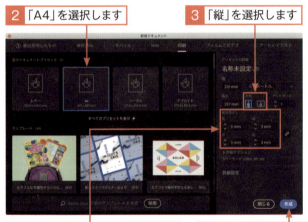

2 「A4」を選択します
3 「縦」を選択します
4 「天地左右3mm」に設定します
5 作成をクリックします

## 2 ドキュメントを作成

「新規ドキュメント」ダイアログで、印刷タブから「A4」を選択し❷、「プリセットの詳細」で、方向を「縦」❸、裁ち落としを「天地左右3mm」に設定し❹、作成をクリックします❺。

## 3 完成

A4サイズのアートボードが設定されたドキュメントが作成されます。

第8章 チラシを作ってみよう

## ■ ドキュメントを保存する

作成したドキュメントに名前を付けて保存しておきましょう。保存すれば、何度でもそのデータを編集できます。ただしデータを保存して閉じてしまうと、これまでの作業履歴が削除され元に戻せなくなるため、注意が必要です。不安な場合は作業途中でこまめに保存し、バックアップを取っておきましょう。

### 1 「保存」を選択

1 保存を選択します

メニューバーからファイル→保存を選択します❶。

### 2 ドキュメントを保存

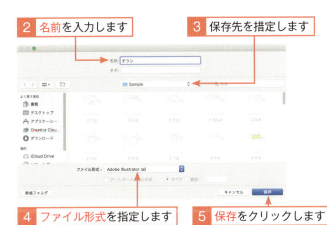

2 名前を入力します
3 保存先を指定します
4 ファイル形式を指定します
5 保存をクリックします

名前を入力し❷、保存するフォルダ❸、ファイル形式を指定して❹、保存をクリックします❺。
「Illustratorオプション」が表示されるので、必要な箇所を設定してください（24ページ）。

### 3 完成

データが保存されます。

> **❶ Point**
> 一度作ったデータを再度開き、編集してから保存を選択すると、その編集作業がデータに上書きされます。そのままデータを閉じると元に戻すことができないため、もし別のデータとして保存したいときには別名で保存を選ぶようにしましょう。

8-01 ドキュメントを作成する

▶Lesson
## 02

sample_チラシ.ai
photo_chapter8.jpg

# 背景を作成する

アートボードの次は背景を作ります。背景は裁ち落としの線に沿って長方形を描き、その長方形に背景にしたい色を設定します。背景をあまり編集をしない場合は、設定後、いったんオブジェクトかレイヤーをロックしてしまうと便利です。

### 1 「長方形ツール」を選択

ツールバーから長方形ツールを選択します❶。

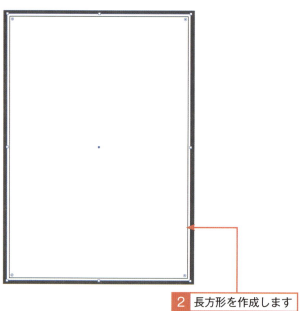

### 2 長方形を作成

裁ち落としの線（赤い枠）に沿ってドラッグして、長方形を作ります❷。

### 3 長方形を選択

ツールバーから「選択ツール」を選択して、❸、長方形を選択します。

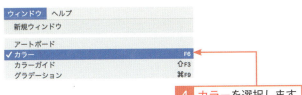

4 「カラー」パネルを表示

メニューバーからウィンドウ→カラーを選択して❹、「カラー」パネルを表示します。

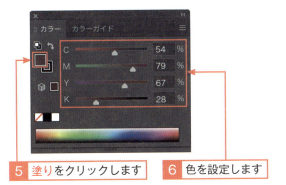

5 色を設定

塗りをクリックして❺、CMYKの各値を設定します❻。

## ■ 背景のレイヤーをロックする

背景は、この後の作業では手を触れることはありません。レイヤーをロックして、動かせなくしてしまいしょう。あわせて、レイヤーの名前を変更して、管理しやすくしておきます。

1 レイヤー名を変更

「レイヤー」パネルで、レイヤーの名前を「背景」に変更します❶。
レイヤー名の変更は121ページを参照してください。

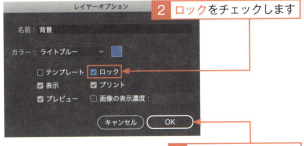

2 レイヤーをロック

「レイヤー」パネルの右上にあるメニューアイコン をクリックして背景のオプションを選択し、「レイヤーオプション」ダイアログでロックにチェックを入れて❷、OKをクリックします❸。
レイヤーのロックは128ページを参照してください。

▶ Lesson

# 03

sample_チラシ.ai
photo_chapter8.jpg

# 写真を埋め込む

チラシには、写真やイラストが欠かせません。写真を埋め込み、チラシのイメージをつかみやすくしましょう。また、レイヤーは写真や文字、背景などで分けておくと編集がしやすくなります。ここでもレイヤーを分けるようにします。

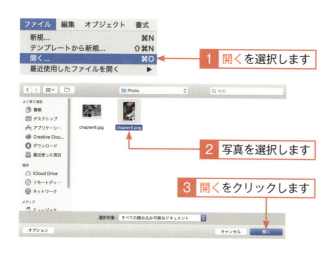

## 1 写真を開く

メニューバーからファイル→開くを選択します❶。
写真を選択して❷、開くをクリックします❸。

## 2 ドキュメントを選択

写真のドキュメントを選択します❹。

## 3 写真を選択

ツールバーから「選択ツール」を選択して❺、写真を選択します。

## 4 写真をコピー

メニューバーから編集→コピーを選択して❻、クリップボードにコピーします。

第8章　チラシを作ってみよう

5 ドキュメントを選択

チラシのドキュメントを選択します❼。

7 ドキュメントを選択します

6 レイヤーを作成

「レイヤー」パネルで新規レイヤーを作成し、名前を「写真」に変更します❽。
レイヤーの作成は120ページを参照してください。

8 新規レイヤーを作成します

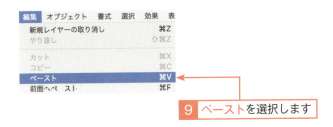

7 写真を埋め込む

「レイヤー」パネルで「写真」レイヤーを選択して、メニューバーから編集→ペーストを選択します❾。

9 ペーストを選択します

8 位置と大きさを調整

「選択ツール」で埋め込まれた写真を選択し、位置や大きさを大まかに調整しておきます❿。

10 位置や大きさを調整します

8-03 写真を埋め込む

❗Point

「写真」レイヤーが、「背景」レイヤーの上にくるようにしてください。

▶ Lesson

# 04

sample_チラシ.ai
photo_chapter8.jpg

# 写真を加工する

チラシになじむように写真を加工します。カラーバランスを調整して背景に合わせて写真の色味を赤めにして、効果を使って写真の外側をぼかして、背景との境目がなじむようにします。外側をぼかすには「光彩」の効果を利用します。

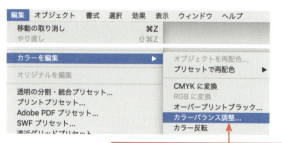

1 カラーバランス調整を選択します

### 1 「カラーバランス調整」を選択

「選択ツール」で写真を選択し、メニューバーから編集→カラーを編集→カラーバランス調整を選択します❶。

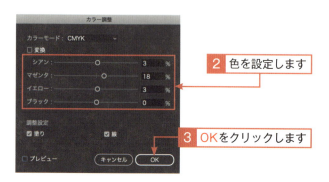

2 色を設定します

3 OKをクリックします

### 2 色を設定

シアン、マゼンタ、イエロー、ブラックの各値を設定して❷、OKをクリックします❸。

### 3 完成

色味が調整されます。

## ■ 写真に効果を付ける

背景と画像の境目をぼかすには、効果を使います。効果の「光彩」で境界線に効果を付けると、写真と背景の間をぼかしてなじませることができます。

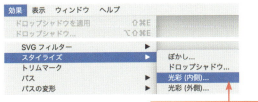

**1** 「光彩(内側)」を選択

「選択ツール」で写真を選択し、メニューバーから効果→スタイライズ→光彩(内側)を選択します❶。

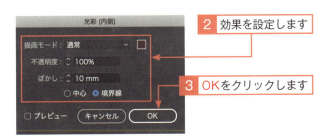

**2** 効果を設定

「光彩(内側)」ダイアログで効果を設定し❷、OKをクリックします❸。
設定内容は下記の表を参照してください。

**3** 完成

背景と写真の境界がぼかされます。

▼「光彩(内側)」の設定例

| 描画モード | 通常 |
|---|---|
| カラー | 背景と同じ色 |
| 不透明度 | 100% |
| ぼかし | 10mm |
| 境界線 | チェック |

 **Point**

背景の色をスウォッチに登録しておくと(58ページ)、効果の色の設定の際に便利です。

▶Lesson
## 05

sample_チラシ.ai
photo_chapter8.jpg

# 文字を入力する

チラシには、知らせたい情報が文字で入っていなくてはなりません。文字ツールを使って文字を入力し、必要な情報を入れていきましょう。文字を入力する場合には、文字用のレイヤーを作っておくと、編集がしやすくなります。

**1　レイヤーを作成**

「レイヤー」パネルで新規レイヤーを作成し、名前を「文字」に変更します❶。
レイヤーの作成は120ページを参照してください。

**2　文字の入力**

ツールバーから文字ツールを選択し❷、文字を入力します❸。
文字の入力については92ページを参照してください。

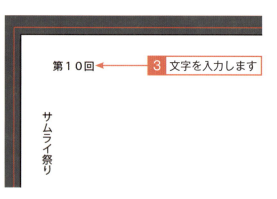

> **! Point**
> 
> 「レイヤー」パネルで、「文字」レイヤーが一番上にくるようにしてください。
> 文字を縦書きにする場合は、「選択ツール」で入力した文字を選択し、メニューバーから書式→組み方向→縦組みを選択します。または「文字(縦)ツール」を使って文字を入力します(99ページ)。

## ■ フォントや大きさを調整する

文字はフォントや大きさを調整することで、目を引きやすい文字とそうではない文字を区別できます。主張したい文字を大きく、細かな情報は小さくなど、文字やフォントを調整して、見る人の視線を誘導しましょう。

### 1 文字を選択

「選択ツール」で調整する文字を選択します❶。

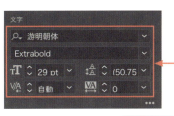

### 2 フォントやサイズを調整

「プロパティ」パネルの「文字」欄で、フォントや文字のサイズを調整します❷。
フォントの変更は94ページ、文字の大きさの変更は96ページを参照してください。

### 3 その他の文字を調整

その他の文字も同様に調整します。
ここでは作業がしやすいように、「写真」と「背景」レイヤーを一時的に非表示にしています（125ページ）。

> **Point**
> 「プロパティ」パネルは、標準で画面右側に表示されています。表示されていない場合は、メニューバーからウィンドウ→プロパティを選択して表示します。

▶ Lesson

# 06

sample_チラシ.ai
photo_chapter8.jpg

## 文字に色や効果を付ける

文字に色や効果を付けることで、さらにイメージを強調できます。文字のフォントや大きさと合わせて調整していくことで、より魅力的なチラシを作ることが可能です。今回は、文字に色を付けて、影の効果を入れてみます。また、文字の縁取りも作りましょう。

1 文字を選択します

### 1 文字を選択

「文字ツール」で色を付けたい文字を選択します❶。

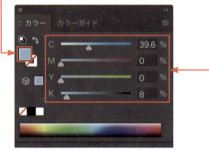

2 塗りをクリックします　　3 CMYKを設定します

### 2 色を設定

メニューバーでウィンドウ→カラーを選択して「カラー」パネルを表示します。
塗りをクリックして❷、CMYKの各値を設定します❸。

4 アピアランスを選択します

### 3 「アピアランス」パネルを表示

「選択ツール」で文字を選択し、メニューバーからウィンドウ→アピアランスを選択して❹、「アピアランス」パネルを表示します。

第8章 チラシを作ってみよう

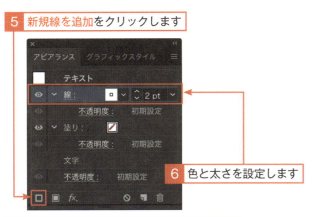

5 新規線を追加をクリックします

6 色と太さを設定します

4 縁取り線を設定

「アピアランス」パネルで新規線を追加 ■ をクリックし❺、縁取り線の色と太さを設定します❻。

## ■ 効果を付ける

色を付けた文字に効果を付けます。今回は「ドロップシャドウ」を使って、文字に影を付け、浮き上がって見えるように調整します。

1 文字を選択します

1 文字を選択

「選択ツール」で効果を付けたい文字を選択します❶。

2 ドロップシャドウを選択する

2 「ドロップシャドウ」を選択

メニューバーから効果→スタイライズ→ドロップシャドウを選択します。
効果の調整方法は82ページを参照してください。

> **Point**
> その他の文字も、色と効果の設定を行っていきます。詳しくはサンプルファイル（チラシ.ai）をご確認ください。

8-06 文字に色や効果を付ける

145

▶Lesson
## 07

sample_チラシ.ai
photo_chapter8.jpg

# 写真や文字を配置する

文字や写真に効果を付けたら、バランスよく写真や文字を配置していきます。移動したいものを「選択ツール」で選択し、ドラッグで移動させます。写真や文字の大きさも調整しながら配置して、チラシを仕上げていきましょう。

### 1 写真や文字を選択

「選択ツール」で、配置を変更する写真や文字を選択します❶。

1 写真や文字を選択します

### 2 写真や文字を配置

写真や文字の位置と大きさを調整します❷。

2 位置や大きさを調整します

#### ❶ Point

配置をしていると、文字が入らない、画像が小さい方がよいなど、さまざまな問題が発生してきます。その場合は、文字や写真の大きさなどを調整しながら配置を決めていくとよいでしょう。

## ■ 文字をアウトライン化する

最後に、文字をアウトライン化します。文字をアウトライン化することで、どのパソコンでも同じフォントで見えるようになります。ただし、文字はアウトライン化すると編集できなくなるため、編集の必要がなくなってからアウトライン化しましょう。

### 1 「文字」レイヤーを選択

「レイヤー」パネルで「文字」レイヤーを選択します❶。

### 2 文字を選択

「選択ツール」で、すべての文字を選択します❷。

### 3 「アウトラインを作成」を選択

メニューバーから書式→アウトラインを作成を選択します❸。

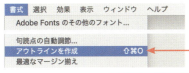

### 4 完成

文字にアウトラインが作成されます。

# Appendix
## 作業を始める前に覚えておきたい用語

　Illustratorで作業を行う際によく使う基本的な用語を覚えておきましょう。これらの用語は、Illustrator以外で画像を扱う際にも使用される場合があります。知っておくことで、操作の内容や解説が頭の中に入ってきやすくなるでしょう。

### ●パス
　Illustratorでは、線のことを「パス」と呼びます。もっと正確に言うと、アンカーポイントを持った直線や曲線のことをパスと言います。このパスの始点と終点が繋がっていないものが「オープンパス」、繋がっているものが「クローズパス」と呼ばれます。

### ●アンカーポイント
　アンカーポイントはパスを構成するもので、簡単に言うと「パスの角」になります。アンカーポイントを移動させることで、パスの角が移動し、パスの形が変わります。また、アンカーポイントから出ている「ハンドル」を操作することで、角を曲線にしたり、曲線の方向を変えたりできます。

### ●オブジェクト
　データ内に配置する線や図形のことを「オブジェクト」と呼びます。

### ●アートボード
　アートボードは、実際に線や図形、文字などの配置を行う画面のことです。アートボードの中にあるものだけを印刷したり、書き出して保存したりできます。

### ●ペン
　アンカーポイントを操作するためのツールです。ペンでパス上をクリックすることで、アンカーポイントを追加できます。また、アンカーポイントを削除したり、新しく線を描いたりすることもできます。

### ●ブラシ
　ブラシは線の種類のことです。通常は四角の線ですが、丸い線や楕円、筆やクレヨンで描いたような線を引くこともできます。

### ●効果
　効果は、文字やオブジェクトに効果を付けるときに使います。効果を使うと、文字やオブジェクトに影を付けたり、ぼかしたりできます。

● 解像度
　写真などの画像は、細かいドットが並んでできています。解像度とは、このドットが1インチの中にどのくらいあるのかを示すものです。解像度が高いほどドットが細かくなるため、画像がキレイに見えます。印刷では350以上の解像度を求められることが多いです。

● レイヤー
　レイヤーとは、画像を重ねて作るための1枚1枚のシートのようなものです。透明なフィルムが重なって1つの絵になっているのをイメージするとわかりやすいと思います。

● 不透明度
　不透明度とは「透明ではないパーセンテージ」のことです。つまり、パーセンテージを下げれば下げるほど、透明になっていきます。

● 拡張子
　拡張子とは、ファイル名の末尾に付くアルファベットで、ファイルの種類を示すものです。拡張子によっては、Illustrator以外では開けないものもあります。別のソフトでも開けるようにするには、拡張子が大切です。

● ラスタ画像
　ラスタ画像とは、ドットが並んでできている画像です。通常の写真やイラストなどはラスタ画像です。ラスタ画像は、拡大するとドットが目立ってしまいます。

● ベクタ画像
　ベクタ画像は、パスでできている画像です。どんなに拡大しても見た目が変わらないのが特徴です。Illustratorで作成する図形はベクタ画像です。

● カラーモード
　カラーモードは色の表し方を決めるものです。「CMYK」「RGB」「HSB」などがあります。
　CMYKはシアン・マゼンタ・イエロー・黒（キーカラー）、RGBは赤・緑・青、HSBは色相・彩度・明度で色を構成しています。それぞれ印刷時の色味が異なるので、使用目的に応じて適切なモードを選びましょう。

● スウォッチ
　最初から設定されたカラーや、自分の設定したカラー、パターンなどを置いておけるパレットです。自分でスウォッチを設定するとライブラリに保管され、他のデータでも使えるようになります。

● アウトライン
　アウトラインとは、オブジェクトの外側のラインのことを言います。線や図形などのオブジェクトはアウトラインがあるのですが、通常の文字にはアウトラインがありません。Illustratorで作成したデータを他人に渡す場合は、文字をアウトライン化しましょう。

# Appendix
## 覚えておくと便利なショートカットキー

　メニューバーで選択できる機能には、キーボードから一定のキーを入力することで使用できる「ショートカットキー」が設定されているものがあります。覚えておくと便利なショートカットキーを紹介します。

| | Mac | Win |
|---|---|---|
| 新規 | command + N | ctrl + N |
| 開く | command + O | ctrl + O |
| 閉じる | command + W | ctrl + W |
| 保存 | command + S | ctrl + S |
| 別名で保存 | shift + command + S | shift + ctrl + S |
| 複製を保存 | option + command + S | alt + ctrl + S |
| 配置 | shift + command + P | shift + ctrl + P |
| ドキュメント設定 | option + command + P | alt + ctrl + P |
| プリント | command + P | ctrl + P |
| 終了 | command + Q | ctrl + Q |
| 取り消し | command + Z | ctrl + Z |
| やり直し | shift + command + Z | shift + ctrl + Z |
| カット | command + X | ctrl + X |
| コピー | command + C | ctrl + C |
| ペースト | command + V | ctrl + V |
| 前面へペースト | command + F | ctrl + F |
| 背面へペースト | command + B | ctrl + B |
| 同じ位置にペースト | shift + command + V | shift + ctrl + V |
| すべてのアートボードにペースト | option + command + V | alt + ctrl + V |
| 変形の繰り返し | command + D | ctrl + D |
| 重ね順・最前面へ | shift + command + ] | shift + ctrl + ] |
| 重ね順・前面へ | command + ] | ctrl + ] |
| 重ね順・背面へ | command + [ | ctrl + [ |
| 重ね順・最背面へ | shift + command + [ | shift + ctrl + [ |
| グループ | command + G | ctrl + G |
| グループ解除 | shift + command + G | shift + ctrl + G |
| ロック・選択 | command + 2 | ctrl + 2 |
| すべてをロック解除 | shift + command + 2 | shift + ctrl + 2 |
| クリッピングマスク・作成 | command + 7 | ctrl + 7 |
| クリッピングマスク・解除 | option + command + 7 | alt + ctrl + 7 |
| アウトラインを作成 | shift + command + O | shift + ctrl + O |
| すべてを選択 | command + A | ctrl + A |
| 作業アートボードのすべてを選択 | option + command + A | alt + ctrl + A |
| 選択を解除 | shift + command + A | shift + ctrl + A |
| 前面のオブジェクトを選択 | option + command + ] | alt + ctrl + ] |
| 背面のオブジェクトを選択 | option + command + [ | alt + ctrl + [ |
| ブラシパネルを表示 | F5 | F5 |
| カラーパネルを表示 | F6 | F6 |
| レイヤーパネルを表示 | F7 | F7 |
| アピアランスパネルを表示 | shift + F6 | shift + F6 |

# Index

## ■あ行

アートボード ・・・・・・・・・・・・ 10,20,22,148
アウトライン ・・・・・・・・・・・・ 102,147,149
アピアランス ・・・・・・・・・・・・・・・・・ 82,132
アンカーポイント ・・・・・・・・ 35,62,64,148
色 ・・・・・・・・・・・ 50,52,95,114,140,144
印刷 ・・・・・・・・・・・・・・・・・・・・・・・・・・・・・ 30
埋め込み ・・・・・・・・・・・・・・・・・・・・ 106,138
上書き ・・・・・・・・・・・・・・・・・・・・・・・・・・・ 25
エリア ・・・・・・・・・・・・・・・・・・・・・・・・・・ 100
円 ・・・・・・・・・・・・・・・・・・・・・・・・・・・・・・・ 44
鉛筆ツール ・・・・・・・・・・・・・・・・・・・・・・・ 41
大きさ ・・・・・・・・・・・・・・・・・・・ 96,108,143
オープンパス ・・・・・・・・・・・・・・・・・・・・・ 85
オブジェクト ・・・・・・・・・・・・・・・・・ 116,148

## ■か行

解像度 ・・・・・・・・・・・・・・・・・・・・・・・・・・ 149
回転 ・・・・・・・・・・・・・・・・・・・・・・・・・・・・・ 68
鍵 ・・・・・・・・・・・・・・・・・・・・・・・・・・・ 48,128
拡大・縮小 ・・・・・・・・・・・・・・・・・・・・・・・ 72
拡張子 ・・・・・・・・・・・・・・・・・・・・・・・・・・ 149
重ね順 ・・・・・・・・・・・・・・・・・・・・・・・ 76,124
画像トレース ・・・・・・・・・・・・・・・・・・・・ 117
画像の切り抜き ・・・・・・・・・・・・・・・・・・ 110
傾ける ・・・・・・・・・・・・・・・・・・・・・・・・・・・ 73
合体 ・・・・・・・・・・・・・・・・・・・・・・・・・・・・・ 86
カラー ・・・・・・・・・・・・・・・・・・・ 50,52,127
カラーバランス調整 ・・・・・・・・・・・ 114,140
カラーモード ・・・・・・・・・・・・・・・・・ 56,149
カラーを編集 ・・・・・・・・・・・・・・・・・・・・ 113
曲線 ・・・・・・・・・・・・・・・・・・・・・・・・・・・・・ 38
切り抜き ・・・・・・・・・・・・・・・・・・・・・・・・ 110
グラデーション ・・・・・・・・・・・・・・・・・・・ 54
クリッピングマスク ・・・・・・・・・・・・・・ 111
グループ ・・・・・・・・・・・・・・・・・・・・・・・・・ 90
グレースケールに変換 ・・・・・・・・・・・・ 112
消しゴムツール ・・・・・・・・・・・・・・・・・・・ 88
結合 ・・・・・・・・・・・・・・・・・・・・・・・・・・・・ 126
効果 ・・・・・・・・・・・・・・・ 80,82,141,144,148
効果ギャラリー ・・・・・・・・・・・・・・・・・・・ 81
光彩 ・・・・・・・・・・・・・・・・・・・・・・・・・・・・ 141
コピー ・・・・・・・・・・・・・・・・・・・・・・・・ 74,93

## ■さ行

削除 ・・・・・・・・・・・・・・・・・・・・・・・・・ 39,127
サンプルファイル ・・・・・・・・・・・・・・・・・ 16
シアーツール ・・・・・・・・・・・・・・・・・・・・・ 73
四角形 ・・・・・・・・・・・・・・・・・・・・・・・・・・・ 42
修正 ・・・・・・・・・・・・・・・・・・・・・・・・・・・・・ 98
種類 ・・・・・・・・・・・・・・・・・・・・・・・・・・・・・ 66
ショートカットキー ・・・・・・・・・・・・ 93,150
初期設定の塗りと線 ・・・・・・・・・・・・・・・ 57
新規作成 ・・・・・・・・・・・・・・・・・ 18,120,134
スウォッチ ・・・・・・・・・・・・・・・・・・・・ 58,149
スターツール ・・・・・・・・・・・・・・・・・・・・・ 48
スマートガイド ・・・・・・・・・・・・・・・・・・・ 87
整列 ・・・・・・・・・・・・・・・・・・・・・・・・・・・・・ 78
線 ・・・・・・・・・・・・・・・・・・・・・・・ 34,36,40,53

## ■た行

体験版 ・・・・・・・・・・・・・・・・・・・・・・・・・・・・ 8
ダイレクト選択ツール ・・・・・・・・・・・・・ 62
楕円形ツール ・・・・・・・・・・・・・・・・・・・・・ 44
多角形ツール ・・・・・・・・・・・・・・・・・・・・・ 46
縦組み ・・・・・・・・・・・・・・・・・・・・・・・・・・・ 99
長方形ツール ・・・・・・・・・・・・・・・・・・・・・ 42
直線ツール ・・・・・・・・・・・・・・・・・・・・・・・ 36
チラシ ・・・・・・・・・・・・・・・・・・・・・・・・・・ 134
ツールバー ・・・・・・・・・・・・・・・・・・・・ 10,12
繋げる ・・・・・・・・・・・・・・・・・・・・・・・・・・・ 84
テンプレート ・・・・・・・・・・・・・・・・・・ 27,29
ドキュメント ・・・・・・・・・・・・・・ 18,24,134
ドキュメントウィンドウ ・・・・・・・・・・・ 11
ドロップシャドウ ・・・・・・・・・・・・・・・・・ 80

## ■な行

ナイフ ・・・・・・・・・・・・・・・・・・・・・・・・・・・ 90
名前 ・・・・・・・・・・・・・・・・・・・・・・・・・・・・ 121
塗り ・・・・・・・・・・・・・・・・・・・・・・・・・・・・・ 53

## ■は行

背景 ・・・・・・・・・・・・・・・・・・・・・・・・・・・・ 136
配置 ・・・・・・・・・・・・・・・・・・・・・・・・・・・・ 146
はさみツール ・・・・・・・・・・・・・・・・・・・・・ 89
パス ・・・・・・・・・・・・・・・・・・・・ 35,65,101,148
パスファインダー ・・・・・・・・・・・・・・・・・ 86
パターン ・・・・・・・・・・・・・・・・・・・・・・・・・ 60
パネル ・・・・・・・・・・・・・・・・・・・・・・・・ 11,12
貼り付け ・・・・・・・・・・・・・・・・・・・・・・・・・ 75
反転 ・・・・・・・・・・・・・・・・・・・・・・・・・・・・・ 70
ハンドル ・・・・・・・・・・・・・・・・・・・・・・ 39,63
非表示 ・・・・・・・・・・・・・・・・・・・・・・・・・・ 125
開いたパス ・・・・・・・・・・・・・・・・・・・・・・・ 85
開く ・・・・・・・・・・・・・・・・・・・・・・・・・・・・・ 28
ファイル形式 ・・・・・・・・・・・・・・・・・・・・・ 26
フォント ・・・・・・・・・・・・・・・・・・・・・ 94,143
複製 ・・・・・・・・・・・・・・・・・・・・・・・・・ 74,122
複製を保存 ・・・・・・・・・・・・・・・・・・・・・・・ 25
不透明度 ・・・・・・・・・・・・・・・・・・・・・ 130,149
太さ ・・・・・・・・・・・・・・・・・・・・・・・・・・・・・ 66
ブラシ ・・・・・・・・・・・・・・・・・・・・・・・ 67,148
ブラシツール ・・・・・・・・・・・・・・・・・・・・・ 40
プリント ・・・・・・・・・・・・・・・・・・・・・・・・・ 30
プロパティパネル ・・・・・・・・・・・・・・・・・ 11
分割 ・・・・・・・・・・・・・・・・・・・・・・・・・・・・・ 88
分割・拡張 ・・・・・・・・・・・・・・・・・・・・・・ 118
ペースト ・・・・・・・・・・・・・・・・・・・・・・ 74,93
ベクタ画像 ・・・・・・・・・・・・・・・・・・・・・・ 149
別名で保存 ・・・・・・・・・・・・・・・・・・・・・・・ 25
変形 ・・・・・・・・・・・・・・・・・・・・・・・・・・・・・ 62
ペンツール ・・・・・・・・・・・・・・・ 34,38,64,148
辺の数 ・・・・・・・・・・・・・・・・・・・・・・・・・・・ 47
星 ・・・・・・・・・・・・・・・・・・・・・・・・・・・・・・・ 48
保存 ・・・・・・・・・・・・・・・・・・・・・ 24,26,134

## ■ま行

メニューバー ・・・・・・・・・・・・・・・・・・・・・ 10
文字ツール ・・・・・・・・・・・・・・・・・・・ 92,142
モノクロ ・・・・・・・・・・・・・・・・・・・・・・・・ 112

## ■ら行

ライセンス ・・・・・・・・・・・・・・・・・・・・・・・・ 7
ライブコーナー ・・・・・・・・・・・・・・・・ 35,43
ラスタ画像 ・・・・・・・・・・・・・・・・・・・・・・ 149
リフレクト ・・・・・・・・・・・・・・・・・・・・・・・ 70
リンク ・・・・・・・・・・・・・・・・・・・・・・・・・・ 109
レイヤー ・・・・・・・・・・・・・・・・・ 120,137,149
連結ツール ・・・・・・・・・・・・・・・・・・・・・・・ 85
ロック ・・・・・・・・・・・・・・・・・・・・ 48,128,137

■著者プロフィール
## 齋藤香織
一葉(かずは)というペンネームで活動する、フリーのイラストレーター・デザイナー・編集ライター。福島県出身・在住。オーダーアート、チラシ、ポスター、Tシャツ、Web素材などのイラスト・デザインを手掛け、国内外の展示会にも多数参加。また「みんなの塗り絵でデザイン」や「丸で描けるイラスト教室」の開催など、子供たちにデザインやイラストの楽しさを教える活動も行っている。

http://monochroner.com/

■本書サポートページ
https://isbn.sbcr.jp/97277/

本書をお読みいただいたご感想、ご意見を上記URLよりお寄せください。

## Illustratorはじめての教科書

2019年1月29日　初版第1刷発行

| | |
|---|---|
| 著者 | 齋藤香織 |
| 発行者 | 小川 淳 |
| 発行所 | SBクリエイティブ株式会社 |
| | 〒106-0032　東京都港区六本木2-4-5 |
| | TEL 03-5549-1201(営業) |
| | https://www.sbcr.jp |
| | |
| 印刷 | 株式会社シナノ |
| 本文デザイン/組版 | 株式会社エストール |
| 装丁 | 西垂水敦・遠藤瞳(krran) |
| 編集協力 | 株式会社YOSCA |

落丁本、乱丁本は小社営業部にてお取り替えいたします。
定価はカバーに記載されております。

Printed In Japan　ISBN978-4-7973-9727-7